机电教学模式与实践应用研究

杨亚莉　著

吉林科学技术出版社

图书在版编目（CIP）数据

机电教学模式与实践应用研究 / 杨亚莉著. -- 长春:
吉林科学技术出版社, 2023.5
ISBN 978-7-5744-0449-6

Ⅰ. ①机… Ⅱ. ①杨… Ⅲ. ①机电一体化一教学模式
一教学研究 Ⅳ. ①TH-39

中国国家版本馆 CIP 数据核字(2023)第 105706 号

机电教学模式与实践应用研究

著　　杨亚莉
出 版 人　宛　霞
责任编辑　王　皓
封面设计　正思工作室
制　　版　林忠平
幅面尺寸　185mm×260mm
开　　本　16
字　　数　230 千字
印　　张　10.75
印　　数　1-1500 册
版　　次　2023年5月第1版
印　　次　2024年1月第1次印刷

出　　版　吉林科学技术出版社
发　　行　吉林科学技术出版社
地　　址　长春市福祉大路5788号
邮　　编　130118
发行部电话/传真　0431-81629529 81629530 81629531
81629532 81629533 81629534
储运部电话　0431-86059116
编辑部电话　0431-81629518
印　　刷　廊坊市印艺阁数字科技有限公司

书　　号　ISBN 978-7-5744-0449-6
定　　价　62.00元

前　言

随着我国经济的快速发展，对机电类专业人才的需求越来越大，因此在进行教育过程中应重视培养机电人才，以提高我国现代化制造业的发展，且为使机电专业学生更好地适应新形势下的工作需要，本文对机电专业的教学发展提出了更高的要求，本书将从机电教学的实际意义出发，探索机电专业开展教学的有效途径，并以更好地为社会输送高技能、高素质人才。

本书共分为七章。第一章概述了机电实践教学模式，对机电教学的内涵、特征、原则以及理论，综合从近几年机电专业教学的发展趋势，着重谈论机电教学的发展方向；第二章研究了机电类专业实践教学系统的建构，分析实践教学体系的理论构建原则以及构建方法，探究机电教学与人才培养需要遵循的各种原则及其内涵标准；第三章研究了机电实践教学有效模式，分析了机电产教结合实践教学、模块化实践教以及案例实践教学；第四章探究了机电一体化智能实践教学，论述了机电一体化概述研究了机电一体化设计教学以及机械技术；第五章探究了机电设备智能机器人技术，论述机电设备与机器人技术、分析机电一体化设备故障诊断技术；第六章研究了机电设备管理技术，探讨机电设备管理概况，展望机电设备管理目的与趋势，介绍机电设备管理基础内容；第七章研究了机电设备故障监测与修理，论述了设备的状态监测与点检、设备的故障诊断与管理、修理类别与计划以及计划的具体实施细节。

为了帮助广大机电学习者在学习的过程中能够更加科学、有效地了解机电专业的各种研究方向和课题，作者在撰写本书的过程中引用、参考了大量较为权威的书籍资料，在此向相关专家们表示诚挚的谢意。

本书在写作过程中，虽然在理论性和综合性方面下了很大的功夫，但由于作者知识水平还有待提升，因此本书内容在专业性与可操作性上还存在着较多不足。对此，希望各位专家学者和广大的读者能够予以谅解，并提出宝贵意见。

编委会

目　录

第一章　机电实践教学模式概述

伴随经济和科技的发展，企业的科技含量不断提高，社会对高素质人才的需求量大幅攀升，但是高职院校的毕业生却始终面临着不小的就业压力，出现这种情况也说明了高职培养人才的模式已经无法适应社会对人才的要求。高职院校是为社会输送人才的重要阵地，实施实践教学是高职院校的办学特色，也是培养高素质应用型人才的主要途径。所以，建立高职实践教学体系，能够保证实践教学的顺利实施，有效提升教学质量。

第一节　机电教学的内涵与特征

从近几年的发展趋势来看，高职教育正在由盲目的规模扩张向注重内涵式发展的方向推进，在这一过程中，高职教育改革的成果也必将落实到教学改革的各个环节中。所以，“实践教学”这一能够充分体现高职教育特点的教学方法，也必将会成为高职教育整个教学体系的重中之重。从目前的情况来看，虽然关于“实践教学”的讨论逐渐增多，但是关于这一术语的分析与界定的研究仍旧比较缺乏，不利于从学术层面对“实践教学”这一具有高等职业教育特色的教学方法进行深入研究。众所周知，对某一概念进行科学的研究与考量的重要前提是概念或者话语权的统一，只有这样才能为交流与对话搭建有效的平台，假如没有这一有效的平台，所有的研究和交流都是没有意义的。所以，为了减少研究人员在研究过程中出现的偏差，将实践教学从语义研究角度转入更深层次的研究与反思，对于“实践教学”这一概念进行语义厘清与深入分析是非常必要的。

一、机电教学的内涵

（一）实践教学的发展历程

关于实践教学这一概念的提出时间并没有确切的记载，但可以肯定的是，这一概念的出现与职业教育的发展是密不可分的，其内涵也随着职业教育的发展而不断丰富。在生产力尚不发达的古代社会，人们主要通过模拟示范、言传身教等教育方式将技艺传承下去，这种教育方式可以作为实践教学的最初形态。在手工业时代，人们主要通过组建师徒关系，由师傅亲自培养徒弟的动手能力，让徒弟真正具备从事某项工作的技术能力，所以学徒制成为实践教学较为典型的代表形式之一。随着生产力的不断发展，人类利用机械进行生产的程度不断提高，传统的学徒制显然无法满足社会化生产对于技术人才的需要，通过组建职业院校来培养技术人才的职业教学模式成为必然的选择。职业院校从办学之初就将培养社会需要的技术型人才作为其办学目标，在办学模式上重视与工业界的联系，这种办学目标与办学模式注定了实践教学作为培养技术型人才的主要方式在职业教育中扮演的重要角色。近些年以来，职业教育的发展为世界各国经济的发展做出了突出的贡献，人们越来越意识到职业教育的重要性，同时也在重新审视实践教学这一职业教学的主要教学方式的重要作用。职业教育实践教学从传统的自发性质的示范、模拟发展成为具有特定教学目标、教学内容、教学方法以及教学评价标准的综合性、系统性的教学模式。在发展的过程中，不同国家和地区根据自身的实际情况，发展出了各具特色的实践教学模式，比较有代表性的像德国的双元制模式、加拿大的CBE模式、美国的社区学院模式以及澳大利亚的TAFE模式等。

随着社会和经济的发展，实践教学在不断地提升和发展，针对实践教学的理论也在不断完善、成熟。特别是进入20世纪之后，从最初的进步主义，侧重于对理想和浪漫的追求，主张兴趣和活动，也成为教学活动的指导性特点。虽然进步主义中依然受到主张社会和共同经验的要素主义和永恒主义的反对，但是进步主义教育已经突破了传统教育与实际脱轨的劣势，积极主张教育要紧密结合实际生活，也因为这点为实践教学的产生发展奠定了思想基础。另外，以进步主义为主要理论的实用主义教学价值观，重点突出学习主体的体验和感受，实用教学价值观将人们的认识都归结于自身的感受和经验，并将知识也作为兼具动态性、主观性的经验和感受，这为实践教学方式提供了哲学注释。我国针对实践教学的研究，基本都以杜威的实用主义教育思想为基础，各学派融入自己的观点，形成了各自的理论思想，其中以黄炎培的思想最为突出，他指出职业教育以培养具有实际生产操作能力为主，而且为了适应社会的需求，还要提高动脑能力，除了学习书本知识还要到实地进行实训，否则只具备书本知识就不是真正的知识。

除此之外，我国著名学者陶行知推行的生活教育理论的基础也是杜威教育思想，而且陶行知提炼的“生活就是教育，社会也是学校和教学的综合体”等三个教育理念，突出体现了陶行知的生活教育理论，也正是陶行知生活教育思想的精髓。无论哪种教育理论，都从不同的角度强调了职业教育突出实践能力的特点。教学理论经过多年的完善和发展，直到今天，已经形成了较为统一的特点，也就是它排除了物质性和工具性的特点，而将更多的精力集中在个性化和实践性的特点，逐渐加强了对教学实践性和活动性的重视程度。另外，伴随人们对知识的理解更加深刻，更加明白知识既包括可以表达的部分，也包括只能领会的部分，并且领会的部分在知识的组成中更加重要。所以，如何增强学生领会知识的能力，将领会知识转为自身的经验，社会和教师还要给予更多的关注。特别是教师在实践教学中，要通过设定合理的情景，让学生能够积极参与，通过在活动中的体验增加对知识的认知，从而获取更加全面的知识。从上文可以看出，实施实践教学既是教学改革和发展的趋势要求，也是为社会培养高素质人才的重要举措。

（二）关于高职实践教学概念的分析

如果对实践教学的概念进行准确定义，就需要对各派学说对实践教学的总结进行分析。但是，从现有的文献来看，关于实践教学概念的论述少之又少，更多的是侧重于某一专业进行了某一方面的具体分析，却很少针对实践教学的概念进行专门研究。另外，针对实践教学的概念分析，各派的立场不同，角度也相差甚远，所表达的概念也是多种多样。这样在某种程度上导致语义混乱，分歧严重，不利于更加深入的研究。本书通过查阅大量文献，并整合了多种学派对实践教学的解释，从中选取了几种具有代表性的观点进行分析。

有的观点侧重于实践教学的方式和方法，将实践教学定义如下：在实训基地或实验室内，以实验和生产的需要为基础设计任务，并且学生在教师的引导下，自主学习和操作，获取知识和技能，从而提升自身综合素质的一种教学方式。从定义的字面意思来看，此种定义符合逻辑，但是深入研究后发现，这只是针对普通高等院校实践教学的普遍性定义，未能凸显高职院校实践教学的办学特色。

有的学派通过对几种实践教学体系进行了比较，并侧重于实践教学体系的组成进行了表述。实践教学体系包括三段一体化实践教学体系、驱动调控保障实践教学体系、内外一体开放式实践教学和综合实践教学。所以，从教学系统的角度对实践教学解释，其不仅能够有利于实践教学的完整性和系统性，而且能够明确实践教学体系的结构和内容，对保证实践教学的顺利开展具有一定的推动作用。

另外，滥用、误用概念的现象还大量存在。如同以上部分学说就将实践性教学和实践教学的概念混为一谈。所以，必须明确这两者之间的区别。在教育的相关理论中，实践性教学的概念为相对于理论教学的所有教学活动的总称，包括校内实验、校外实训、课程设计、操作测量等，并以提高学生掌握理论知识、领会感性知识，提高专业操作技能，使其具备社会专业要求的相关能力为目标的教学活动。实践性教学活动一般在实验室和实训基地，按照专业和岗位的要求设立一定的情景，教师按照作业的内容，对不同的学生进行分类指导，而学生通过学做结合的方式完成作业任务，从中学习知识提高技能。

由此能够看出，编者首先将实践性教学当成一种教学活动，并对实践性教学的目的、教学场地、教学管理、教学评价等一系列环节进行了规定，与上述提到的实践教学体系观大致相同。然而此种观点将实践性教学当成是与理论教学相对的概念，也就是将实践性教学与实践教学混为一谈，但是事实上，两者之间是存在较大差别的。实践性教学是以实践教学的“工具性”为根据进行定义的，它把实践性当作有利于促进教学活动的一种工具；实践教学则是把实践这一行为提升到教学本质的高度，也就是将实践当作教学的本质。所以，实践性教学与实践教学是不同的两种教学形态，从属性上来看是“工具”和“本质”的关系。因此，简单地将实践性教学等同于实践教学，实际上未能全面揭示实践教学的内涵。

对于实践教学的实行，也有部分学者发出了反对的声音，比如有的学者指出：“当前实践教学的定义不明确，功能和定位均不科学。很多概念将实践教学局限于实验、实训、实习等步骤，更是将实践教学的目标只定位在提高学生的实训技能上，导致对实践教学的定义和理解过于片面。另外，在当前的实践教学实施过程中，虽然学生也作为实践教学活动的主体，但是仍处于被动的地位，其学习的自觉性和主动性未能得到充分的发挥。”从这点可以看出，很多学生在实践教学过程中，提高学生在实践教学的主体地位，激发学生的学习自觉性，也体现了实践教学要从以往以提高学生实践技能为目标，向扩展学生全面素质的提高为目标转变，也是实践教学的重大突破。同时还有学者提出了相似的观点：“实践教学在教学活动的开展过程中，存在线性对称的关系，也就是每次实践教学的设计和课程内容，都以提高学生的某一项实训技能为主，也就形成了实践教学和实训技能之间一一映射的关系，虽然在一定程度上能够提升学生的某项实训技能，但是却未能从学生的整体素质进行全面把握，失去了实践教学的意义。”所以，学者对实践教学的定义，不仅要包括培训提高学生实训技能，而且要全面掌握学生的整体素质，制定系统的实践教学方案。在此观点中，学者设计了实践教学组织设计的环节，也就是在实施实践教学的过程中，要如何以提高学生的知识水平、实训技能、社会适应能力为原则，将教学内容融入实践教学中，使实践教学设计更加科学合理。

通过各派学者对实践教学的理解，从不同程度、不同层次对实践教学进行了分析，无论将实践教学作为一种教学活动或教学模式，还是将实践教学作为一种新颖的教学体系，都从实践教学的外延特点进行了描述，而且更加注重实践教学的整体性，这些都是对实践教学的概念在定义过程中沉淀的净化。但是，结合实际情况，高职院校的实践教学如果只停留在教学形式或教学模式的层面，显得过于勉强和狭窄，难以与普通院校的教学方式形成鲜明的对比。所以，将实践教学作为一种教学方式或教学模式的理解是片面的，要形成系统、全面、准确的实践教学的概念，就要从实践教学的深层次进行剖析，结合社会的发展需求，重新审视和定义。

（三）高职实践教学概念的界定

对高职实践教学进行明确定义，既能帮助学术界对高职实践教学进行深入研究，又便于各学派之间的交流。但是，现在我国还未对实践教学形成统一、科学地界定，认识不深刻、定义混乱的现象严重，对实践教学理论的形成和发展形成了巨大的阻碍。所以，对实践教学进行科学、明确的界定，深刻理解其内涵，是当前首要解决的问题。一般情况下，定义由被定义项和定义项两部分组成，并且定义的表达方式为被定义的概念，以及概念与其他属概念的种差，具体来说就是被定义概念和属概念之间的区别属性。

所以，针对实践教学的概念进行定义，就要确定一个属概念和一个种差。以对高职实践教学的分析和理解为基础，本书将教学当作属概念，高职院校实践教学就是指高职院校依照专业的不同，以培养各类型的人才为目标，依照工学结合的方式对人才进行培养，从而使其能够完成某项任务，另外以实训项目为载体，激发学生自觉学习、自主探索和思考的潜能，使其具备能够胜任某个岗位的技能，兼具一定的职业素养的教学。对实践教学的这一定义，采用的为内涵定义法。该定义的外延包括实验、实习、实训和毕业设计等一切教学活动，也是人们聚焦的话题。但是，还要特别说明的是，普通院校和高职院校在人才培养方式上有着明显的区别，预示着实验室和实训实习两个实践教学基地在各自的教学过程中有着不同的地位，换句话说就是实验室和实训实习两个基地在实践教学体系中所占的比重不同。

如以上定义所述，实践教学兼具了一般教学的共性特点，以及与一般教学相区别的特色，针对内涵的进一步理解如下。第一，我们要从教学思想上来领悟实践教学。这就决定了脱离传统教学活动的范畴，不只是局限于教学形式，也不同于传统的教学活动，而是突破传统教学活动向教学思想的转变。实践教学从本质上来说是一种教学思想，无论是教师还是学生，不管是教学内容、教学方式还是教学设备，都要立足于实践教学的教学思想而设置。第二，高职院校培养人才的突出特点就是实践性。实践性的教学特色体现在工学结合的人才培养方式上，工学结合的培养方式就是要摸索学校和企业、学习和实践、知识和技能之间的平衡点，打破教师和实训导师角色分离、教学管理和企业需求脱离的限制，从而达到全面、紧密的融合。第三，实践教学的载体通常以工作任务的形式存在，围绕某一项工作任务开展实践教学，包括整个工作任务的设计、流程操作等环节，并且对任务设计提出了较高的要求，着重培养学生与职业需求相关的设计能力。所以，实践教学既以工作任务为指导，也以设计需求为指导，遵循了教学的一般规律，而且也符合实践教学对实际操作的要求，以及通过进一步的改善实现设计能力的要求。另外，实践教学重点强化学生自觉参与、自主探索和思考的能力。所以，在教学过程中，教师要放弃以往教书匠的角色，而是充分发挥指引者的作用，为学生答疑解惑，从而引导学生积极思考和探索。同时，学生要积极参与实践学习，提升自身的主体地位，通过自我体验和感受，增强对知识的理解和技能的掌握。所以，实践教学是立足于教师指导的前提下，学生积极探索、提高技能、增强适应社会的能力的过程。最终，实践教学的目标就是要提高学生适应岗位的能力，养成正确的职业态度，培养学生的职业素养和能力，这也是符合职业性教育的要求和特点。实践教学在高职教育中发挥的作用日渐重要，人们也将其作为培养高素质人才的必经之路。实践教学贯穿于学生的整个职业生涯，一方面培养学生的实训技能，另一方面也促使学生养成优良的道德品格和处事能力。

二、机电教学的特征

伴随经济和社会的发展，实践教学体系也在随之变化，在不断地变化过程中实现自我完善。实践教学的完善就要既保证符合社会和科学发展的要求，同时兼顾职业学院的师资条件、学生能力和人才培养目标，因此制定科学合理的实践教学体系，为高职人才培养的目标实现提供了有力的保障。一般情况下，科学合理地实践教学体系需要具备以下几方面的特征：

（一）教学目标具有确定性

实践教学是职业教育突出能力、教学特色的重要途径，其教学目标十分确定。实践教学的教学目标主要包括两方面：一个是总体目标，就是提高学生的职业素养，以及适应岗位要求的综合能力，总体目标也因各专业的要求不同，具有更加明确的具体目标。另一个是阶段目标，就是实践教学的过程包括几个阶段，分别是基础学习、专业学习、实训实习。不同的教学阶段也需要制定不同的教学阶段性目标，但是无论哪一阶段的目标都以教学总目标为基础，同时阶段目标更加详细和具体，也是实践教学的初衷和目标。

1. 整体性特征

高职院校实施实践教学，突破了以往依赖理论教学的弊端，增强了实践教学在教学计划中的比例。紧紧围绕培养职业能力的目标，通过完善实践教学内容，缩减实验的数量，提高创意性、综合性实验的比例，从而形成兼具实践技能和操作技能、专业应用知识和专业技能、综合实践能力和综合技能的实践教学体系。高职院校的实践教学体系需要立足于基础知识、职业技能、素质结构等方面，按照基本技能、专业能力、专业技术应用能力等逐层递进的结构，分阶段渐进实施的统一整体，从而更好地培养学生具备专业技术应用能力、创新能力，以及发现问题解决问题的能力。

2. 贯穿性与阶段深化特征

培养高素质的应用型人才，必须各种实践教学的支撑，在整个教育过程中逐一实施。培养学生的每一项专业技术应用能力的目标也不是一日之功，尤其是对实践性要求较高的技能培养更是需要连续不断的训练，相应实践教学体系更要呈现出阶段性和层次性的特点，凸显出从感性认识到理性应用的渐性变化。只有符合这样要求的实践教学体系，才能对培养学生的职业素养起到一定的指导作用，打造能够胜任岗位要求的应用型人才。

3. 双主体性特征

双主体性的特征主要是指在开展实践教学的过程中，主体不仅局限于学校，还应该包括行业和企业。行业和企业不仅能够为学校实践教学提供相应的实训基地，而且要参与教学计划的制订、专业的设置，以及整个实践教学的实施过程。例如，学生在工厂中参与实习，其直接的指导教师并不是学校的理论教师，而是工厂中的技术人员。

4. 工学结合特征

高职院校的实践教学实施过程也是工学结合的教学模式践行的过程，在制定实践教学体系的过程中，需要充分考虑校内外的结合、课堂和实训的结合。工学结合的教学模式，不仅是实践教学实施的必然方式，而且是对实践教学内容梳理整合的过程，促进学生在理论知识、技能水平和职业素养等方面的协调发展。所以，在社会和教育的共同要求下，建立校企合作的高职实践教学体系，是实现职业教育的最佳选择和有效途径。企业为学生的实践学习提供设备齐全的实习场所，并且随着企业的发展，学生在企业实习的过程中，除了得到技能的训练和提高，还能受到企业文化的熏陶，提升其职业素养和职业道德。

（二）教学内容的动态性

实践教学和理论教学的传授内容有着明显的不同，理论教学传授的重点是积累的人类历史知识，以及沉淀的历史经验，但是实践教学传授的侧重点则是生产流程、岗位技能等应用型知识。实践教学的教学内容紧紧围绕企业生产，伴随科技和经济的发展，企业的生产工艺在不断改进，生产技术在不断升级，实践教学的内容也在不断更新和完善，所以说实践教学的教学内容随着生产技术的改变而不断变化。

（三）教学方法的灵活性

教学方法就是教师向学生传授知识和技能时所用的方式。以往教师采用的教学方法多为老师讲学生听的“填鸭式”教学方法，随着职业教育改革的深入，传统的教学方法已经难以满足职业教学的需求，而是需要向教师指导、学生体验，以及教师和学生互助合作的方式发展。加上，实践教学目标的明确性、内容的动态性等特征，决定了实践教学的教学方法的灵活性和多样性。当前，在职业教育中采用较多的实践教学方法有行为导向法、项目法、案例分析法、小组讨论法等。

（四）师资团队的“双师性”

实践教学的独特性决定了对实践教学教师的要求相应提高，需要实践教学教师符合“双师性”的要求。双师型教师除了要求教师具备一定的理论知识水平，还要兼具熟练的操作技能，其也是保证实践教学顺利实施的关键要素。在教学实施过程中，实践教学教师要对担任的学科理论知识熟练掌握，并能够采用合理的教学方式向学生传授理论知识。另外，实践教学教师还要具备与该学科向对应的操作技能，通过边给学生进行现场操作演示，边向学生简介其中的理论知识，从而加深学生对理论知识的理解和印象，提升学生的综合素质。因此，这就要求实践教学教师要向“双师型”教师方向发展，为实践教学的顺利实施提供有力保障。

（五）实训基地的开放性

职业学院顺利开展实践教学需要具备基本的实训基地，而实训基地不同于普通院校的实验室。职业学院的教育目标为培养具有职业操作能力的应用型人才，这就需要设备完善、真实的实训环境。而实训基地的真实性和完备性，就决定了实训基地的开放性。实训基地的开放性也主要表现在两方面：一个是职业院校的校内实训基地对学生开放。由于学生的理解能力有所差距，再加上实践教学要求延长实训时间，所以校内实训基地的开放时间也要相对延长，学生能够有充足的时间，根据自身的需求进入实训基地训练，从而更好地完成教学任务，提高相应的操作技能。另一个是企业车间对学校开放。因为设备完善、条件优良的实训基地需要大量的资金投入，而职业院校受于资金的限制，无法独立完成实训基地的建设。所以，职业院校可以与企业合作，以企业的生产车间为实训平台，建成校外实训基地，保证实践教学正常开展。

第二节　机电教学的原则及构建

根据系统论的要求，高职院校在构建实践教学体系时，要遵循以下几个原则。

一、整体性原则

系统论的主要观点就是整体性，任何系统都是一个能够独立存在的有机整体，并且系统内的各个部分不是单纯地叠加组合，整体的功能大于各部分的功能之和，系统的整体功能是各要素单独无法具备的，而是经过组合之后具备的新特性。所以，正确理解系统要从整体的角度出发，将研究和处理的对象当作一个系统，对其中的构成要素，以及各要素自建的关系进行深入研究，从而提升系统的整体功能。

二、关联性原则

系统的关联性就是指系统各要素之间、要素和系统之间、系统和环境之间的关系。这就体现了关联性不仅使系统内部各要素之间相互作用、相互制约的关系，而且系统和外界环境之间也存在一定的关联性，从而保证了系统的开放性特征。同时，关联性也说明系统中的各要素无论是否可以独立存在，但是处于系统中才能充分发挥其价值，并且在系统中所处的位置不同，所呈现的价值也有所不同。关联性也延伸出系统倍增的概念，也就是系统内部的各元素通过相互合作，能够有效减小自身在独立状态下产生的负面效果，将内耗量降到最低，也同样可以激发各元素的积极作用，提高自身在系统中的作用和效能，从而扩大系统的整体功能，产生整体功能大于各元素功能之和的系统倍增效应。

所以，要充分理解和利用系统的关联性特征，在解决教学系统的问题时，要将系统作为一个整体，而不能作为多个相互独立的模块进行逐个解决。深刻理解关联性的内涵，可以便于把握系统各要素之间的协同关系，将重点集中在各要素之间相互配合和补充上，从而充分发挥利用各要素的有利成分，减少各元素的负面影响，实现系统功能的最大化。

三、层次性原则

层次性也称作等级性，一个系统包含多个层次和等级，而系统就成为一个由多层次组成的有机整体。构成系统的各元素单独来看也可作为一个系统，无论是规模较大的系统，还是规模较小的系统，都可以向下延伸，衍生出多个子系统，子系统又是由多个要素组成的。因此要素和系统的概念是相对的，也许上一层次的要素就是下一层次的系统，就如同将整个社会作为一个独立的系统，而人就是系统中的各要素，将人单独来看，也可以作为一个独立的系统，各个器官又是人这个系统的各要素，这就体现了系统的层次性。

教学过程也是一个具有层次性的系统，所以，相关学者针对教学过程做了层次性的分析。将教学过程看作包含四个层次的系统过程。第一过程就是学生从小学到大学毕业的整个受教育过程。第二过程就是一门学科的开始到结束的教学过程。第三过程是学科中一章或一个单元从开始到结束的教学过程。第四过程就是一章或一个单元中的一个知识点，从接触到领悟学会的教学过程。在每一层次的教学过程中，都包含了相同的元素，而这些元素通过整合形成了每一个完整系统的教学过程。如果系统的各元素之间，以及各要素和系统之间，进行了科学合理的划分层次，就可以扩大系统的功能。相反，如果系统的层次划分混乱、不合理，就会削减系统的功能。所以，针对教学系统的理解，要依据整体和层次的结构，分析各层次之间的关系，按照各要素的不同和整合方式的差异，将它们进行对比的分析和理解。同时，也要根据不同的层次特点，进行实践教学体系的设计，使各层次的地位和作用明晰，体现出一定的层次性和规律性。

四、有序性原则

实践教学系统的有序性就是体现在系统内部的层次结构，以及各要素与外部环境之间的联系，只有稳定紧密的联系才能够形成层次分明的系统结构，形成有序的系统。从某种意义上来说，有序性也是系统层次性更加合理稳定，整个系统处于动态平衡状态的表现。有序性主要呈现为三种形式：一种是横向有序性。也就是系统的各要素之间、各系统之间，以及系统和外部环境之间存在的联系。第二种是纵向有序性。从系统到子系统再到各元素之间，形成的纵向有序性。第三种是过程和动态有序性。系统内部的各要素，伴随容纳的信息量增加，以及组织化程度的提高，可以由低层次向高层次转化的动态发展过程。这种动态发展过程是随时变化的，根据信息量、所含内容、集聚的能量等不断发生变化，在打破平衡恢复平衡又打破平衡的不断调整的状态下，推动系统向更加稳定的方向发展。

第三节 机电实践教学的基础理论

一、建构主义学习理论

（一）建构主义的历史沿革

建构主义最早起源于欧美国家，是学习理论体系中，继行为主义之后的又一突破。伴随学者对学习规律的关注不断提高，建构主义也逐渐走入各位学者的关注范围，并对其进行深入的研究和分析，形成了建构主义学习理论。建构主义学习理论的出现，打破了传统客观主义学习观念的局限，放弃了学习过程为知识复制和传输的思想，而是转入对学习本质的理解，更加注重个体获取知识的心理体验，建构主义学习理论体现了学习的社会性特点。

从心理学角度来分析，杜威、皮亚杰、维果茨基是最早通过建构主义思想，来对学习理论进行研究的，并且在课堂教学和儿童学习中进行广泛应用。杜威侧重于经验性学习理论，着重指出经验的产生和改变。其在《民主主义与教育》一书中明确指出：经验包括两部分，一部分是主动元素，另一部分是被动元素，并且两种元素通过特有的方式进行结合。主动元素最直接的表达就是对经验的尝试，而被动元素最直接的表达就是对经验结果的承受。我们通过一些行为作用于事物，而事物就会反作用于我们自身，这是一种特殊的结合。通过主动和被动两方面的结合，能够检测经验的效果和价值。单独的活动是分散的，而且各个元素之间无法形成有效的结合，只能是被动的消耗性的活动，无法构成经验。而处于主动方面的经验，就会包含诸多变化，各种变化与其产生的一系列结果有效结合起来，才会成为经验，否则也被视作毫无意义的变化。显而易见，杜威提倡的经验学习论中所指的经验，必须是有思维参与的行为活动，如果缺乏思维因素，就不会产生有价值的经验。杜威的经验论是对19世纪末学习教育弊端的抨击，也是对传统教学方式填鸭式教学的一种批判。从杜威的观点来看，经验就是人与环境之间形成相互作用的过程，以及产生的结果，也是人通过主动尝试的行为，得到环境被动反应的结果形成的有机结合，这也是与行为主义学习论主张的外界刺激为导向的主要区别。瑞士著名社会心理学家皮亚杰被称之为当代建构主义的创立者，皮亚杰认为，人作为认知的主体，在同其周边环境进行交流的过程中形成了对于外部世界的认知，假如没有主体能动性的建构活动，人就无法将自己的认识推向更高的层次。人作为认知的主体，把外部信息纳入现有的认知结构，或者对认知结构进行重组，从而将新的信息吸纳进来，在这一动态发展的矛盾结构中，通过认知结构的不断优化与完善同外界保持平衡，从而使自身的认识得到发展。此即是皮亚杰关于儿童认知发展的理论，也被称之为活动内化论。俄罗斯著名社会心理学家维果茨基认为，学习活动的本质是一种社会构建过程，人的学习活动是在特定的社会、历史背景下进行的。与此同时，维果茨基还重点强调了社会交往对于个体心理发展的影响，且认为个体的心理过程结构先是在人的外部活动中形成，然后才可能转移并内化为内部心理过程结构。维果茨基的研究不仅奠定了当代建构主义的思想基础，还从学习的社会性角度出发，进一步强调了知识合作建构这一过程本身即是进一步发展了建构主义。

建构主义的思想源头较为复杂，这也就导致其流派众多，一个比较夸张的说法是："世界上存在多少建构主义者，即有多少种建构主义理论。"例如心理学家布鲁纳的认知学习理论主张尤其关注知识的结构、学习者的心理动机、多种认知表征方式、探索和发现未知领域、直觉意识、从多元化的观点中对知识与价值进行构建等。除此之外，科尔伯格对认知结构的性质与发展条件进行了研究，斯滕博格对个体认知结构的主动性问题进行了探讨，康德的"为自然立法"以及维科的"历史"概念等理论都为建构主义的发展产生了一定的影响。

从理论来源来看，建构主义理论的思想基础是客观主义，是在对客观主义进行否定与扬弃的基础上产生的，其集合了理性主义与经验主义的合理因素。虽然建构主义学者关于学习的理解存在差异，研究的角度也不尽相同，但是他们在对待知识、学习方面的基本认识是大致相同的。建构主义有关学习的基本观点表述如下：知识是个体内部通过活动，尤其是创造性的、形成性的、建构性的活动，形成具有个人价值的真实知识，在这一过程中，其关注的是过程以及意义的重要性，对于结果则不太重视；从建构主义学者们的观点来看，个体学习的过程是学习者在已经具备的经验的基础上，自主地选择、处理、建构信息的过程；认知主体的认知发展将会受到个体内部与社会因素的影响，也就是说其更加注重个体内部的构建与社会构建；在个体之外，知识是无法以实体的形式独立存在的，只能通过学习者个体在以往的生活经验积累的基础上构建而来。

（二）建构主义关于学习的观点

1. 建构主义知识观

从本质上来看，知识绝非关于现实的单纯的反映，亦非关于客观现实的准确表达，只不过是个体关于现实的一种理解或假设，因此也就不能够通过外力的作用强加给学生，而是要求学生通过内在的力量构建自身完善的内部知识结构。因此，构建主义侧重于发挥个人的主观能动性，结合现有的知识背景来对信息进行有效的加工和处理，进而获得其自身的意义的过程。在课本中记载的相关知识，仅仅是一种与有关现象相接近的、更加可靠的假设，它并不能对全部现实进行解释，知识具有天然的真理性，却并非唯一的标准答案。通过对构建主义学习观的分析可以看出，该观念注重个人主动性的发挥，另外还通过学习以及实践个人获得对主观世界意义的认知，同时能够有效地促进个人知识结构的构建。个人的知识背景以及实践经验存在较大的差距，因此存在不同意义的构建，也就是说因为个体本身存在差异，也就决定了其对于世界的理解各不相同。这种观点与行为主义知识观将知识当作绝对真理的观点是存在本质差别的。所以，只有这些知识在被个体构建的时候，其对于个体才具有意义，将知识当作实现决定了的客观存在教授给学生，让学生积极主动吸收知识，这能够充分发挥教师的权威性，保障学生能够积极涉猎各种不同的信息和知识。

2. 建构主义学习观

在建构主义者看来，学生在进入教室之前已经具备了某些方面的经验与背景，学生们是根据这些经验与背景来理解知识的。从中可以看出学生在整个学习的过程中发挥着重要的作用以及价值，只有学习才能够进行知识结构的构建。同时，学生必须要在学习以及实践中充分发挥自己的主观能动性。这种学生观不仅说明学生在学习过程中的主体地位，同时还直接揭示着学生认知结构建构的关键作用。学生在知识结构构建的过程之中会受到外部环境的影响，通过同化以及相应机制的建立来促进内部认知结构的构建，保障认知结构的重组并充分地发挥该结构的作用。因此，老师在教学实践的过程中要注重学生主体地位的发挥，通过学生原有认知结构来对新知识的理解与把握进行建构，必须充分尊重学生的主体性与个体的差异。就像心理学家奥苏贝尔所说的那样：对学生学习影响最深的是学生在与生活实践过程中所积累的各种经验以及实践知识。学生需要在已有知识的基础上对现有的知识经验进行重新地构建，并积极地建立真实的情景，保证信息能够符合学生的实际生活情景，从而推动学生构建全新的知识结构。与此同时，学习应当是一个系统性的过程，也就是说不能单纯地强调技能训练，而应当在情境、协作、对话与意义构建的环境中促进学生进行主动地学习，完成对知识的价值构建。

3. 建构主义对学习环境的设计

建构主义学习观明确强调学生需要在特定的情境中进行知识以及信息的筛选，同时还需要在他人的帮助以及引导之下获得不同的学习资料，积极地促进个人意义的建构以及完善，那么在教学的过程中，也必然会关系到关于学习环境的设计问题。从建构主义者的观点来看，学习环境就是在教学过程中，通过创设一定的情境，使学习者对其原来掌握的知识实施再加工与再创造，从而实现知识构建的过程。由此可以看出，限购主义不仅能够营造良好的学习环境，还能够为学习者提供更多的支持，保证其能够获得更丰富的学习资源。因此从这个角度上来看，建构主义学习活动的开展必定会重视对学习环境的设计。具体来看，学习环境主要包括情境、协作、沟通以及价值构建等四个基本要素。在学习环境的四个基本要素中，情境注重应当对传统教学中的“去情境化”的方式进行批判，其中学习者在学习过程中必须要针对相应的价值进行有效的构建，这一点是学习环境创建的原则以及基础。同时，该情境必须要以学生已有的知识经验为基础，将现有的知识经验与新知识的吸收和学习相结合，促进人际关系的交流，利用社会性的协商实施知识的社会构建。

此亦是学习者对世界进行认知与理解的一种方式，应当在整个学习过程中有所体现，其中主要包括各种学习资源的优化利用以及配置，通过对资源的分析以及搜集来提出相应的论证，并对最终的研究结果进行分析以及评价，从而保障构建的合理性；交流是协作这一过程中最为基本的方式或环节，是必不可少的一个环节。建构的学习过程也即是交流的过程，它主要涵盖了教师与学生之间、学生与学生之间的交流；价值构建指的是学习者通过构建最终想要达到的教学效果，也就是想要达到的教学目标。学习绝对不是知识经验由外到内输入的过程，而是学习者通过主动构建将相关信息转化为自身内在知识的过程。

从关于建构主义基本观点的把握这一认识出发，能够看出人类学习的意义所在，并据此对现有的学习进行反思，归纳出建构主义教学的相关内容，主要包括：

首先，学习主要以个人的主观能动性为前提，保障个人知识的充分构建。因此，学习的过程并非仅仅是知识的传授过程，在教学活动过程之中必须要为学习者提供更多的学习资源以及认知工具，通过各个渠道的努力以及资源的运用来为学习者营造良好的学习环境，鼓励学生通过激发其内在的潜能主动进行学习活动。

其次，知识本质上具有社会属性，必然会受到相应的社会文化环境的影响。所以，学习会受到诸多外部不确定性因素的影响，同时也是社会实践以及沟通的重要产物。学习过程的出现与深入是一定意义上的社会建构，这种特性必然决定了教学应当有助于学习者进行交流，主张在实际的情境中通过建立实践共同体，实现个体与集体之间在思想、经验等方面的交流，以此来促进个人知识的吸收，保障个人能够形成良好的认识以及知识建构，老师需要注重学习情景的营造，保障教学内容设置的合理性，像以问题为基础的教学、以项目为基础的教学、以案例为基础的教学等都是以个体的社会性为特点的教学模式，都是将关于知识的学习同解决实际问题联系起来，可以让学习者通过学习知识具有更加强大的生存能力。

最后，在真正的教学实践中，我们往往会得出这样的结论，解决某一问题的方法或许有很多种，这就会联系到知识问题的劣构。关于劣构问题，其特点是存在多个问题解决的方法，且具备一定的确定性条件，它的解决方式是以建构主义与情境认知学习理论为基础的。实际上，在解决具有劣构性的教学问题上，因为问题求解活动通常含有某些不可预测的因素，所以关于那些“复杂知识”的解决要求具备系统性的知识，关注知识的多元特性。从这一意义上来说，教学意味着在特定的情境条件下，为了支持学习者具备更加强大的解决问题的能力，创建有利于学习者形成确切的概念特性与问题的特定情境，为学习者提供一种认知工具，激励学习者不断探索劣构知识，建构并通过实践共同体实现价值协商。学习理论存在差异，对教师与学生在专业教学中的影响也不尽相同，主要包括下列三种模型：第一种模型：行为理论认为，教师是专业教学中的主体，学习仅仅是一种被动的客体。知识的传递方式是根据教师的思维与行动自上而下实现的，学习者只能处于一种被动反应的状态，学习过程就像是一个看不见的黑箱。

第二种模型：认知理论认为，学生们具有非常强烈的主动性，可以主动与外界进行沟通，因此应当将学生从被动状态中解放出来，引导学生按照自己的特长与爱好，运用已有的知识经验，对全新的知识进行重新地架构以及加工和选择，进而产生新的学习机会。

第三种模型：行动导向/建构主义学习理论认为，学生在认知的过程之中发挥着重要的作用以及价值，并积极地参与各种学习活动。因此，教学也必须要以学生的真实需求为基础，不能将学生当作被灌输的对象；教师应当及时转变角色，积极地发挥个人的价值以及作用，找准自己的定位，并积极地引导知识的传授，老师需要进行身份的转变，了解学习的重要性以及价值，以此来积极地加强个人的控制以及自我管理。

二、情境认知学习理论

（一）情境认知学习理论的发展过程

在多媒体计算机与网络技术为核心的智能化信息时代不断发展的历史背景下，人类关于脑科学的认知机制研究日益深入，学界关于人类学习的本质，特别是关于建构主义理论的研究逐渐深入，这也催生了有关认知情境学习理论的出现，情境学习理论不仅成为西方学习理论领域的主流研究对象，也是继行为主义之后所提出的重要学习理论。该学习理论侧重于站在心理学的角度对信息加工这一理论进行分析，同时提出了相关的创造性见解。这表明人类对于学习理论的研究逐渐从单一化的视角向社会学、心理学、人类学以及生态学等多元化的视角转变，同时也对“人类是怎样学习的”这一问题予以更加全面、详细的解释。

从国内外关于学习理论的研究过程来看，对于学习理论的研究大概经历了三大主要范式的转变。在20世纪初，心理学界占主导地位的学习理论是行为主义“刺激——反应”学习理论。直到20世纪60年代开始，注重学习者内部认知的心理学关于学习的研究才有了新的突破，从此时开始，行为主义心理学逐渐被认知心理学所替代，认知心理学理论开始成为学习研究的主要方向。但是关于学习理论的研究处于不断的发展之中，在20世纪80年代末或90年代初期，因为受到认知科学、生态心理学、人类学与社会科学等学科的多重影响，同时当时的学习环境还存在许多的不足，因此存在与社会相脱节的现象，难以更好地促进学习者个人综合实力的提升，关于学习的研究逐渐由认知向情境转变。关于有关的学习理论美国的心理学家格林教授等人做出了如下概括：行为主义原则注重通过技能的获得看待学习。认知原则注重按照对于概念理解的发展与思维同理解的一般性策略观察学习。情境原则侧重于通过情境的营造来提高学习者的参与积极性，保证学习者能够在积极主动地观察以及学习的过程之中获得更多的学习技能，并进行有效的利益构建实质上的情感观点，将行为主义观点与认知主义观念相结合，将其纳入学生的参与行为之中，保证学生能够找准自己的定位，并对自己的身份进行有效的认知。认知学派与行为主义的观点在某些方面十分相似，都对教学水平的提升有着重要的作用，但是它们在某些方面则表现为直接的对立，观点之间存在排斥倾向。情境认知学习理论则融合了行为主义理论和认知实践理论中的合理因素与核心价值，让学生能够在积极主动地参与过程之中进行情境的营造，同时能够充分地促进认知实践活动的提升，保障框架的有效搭建。在情境理论模式下产生的教育原则可以有效融合行为主义与认知教育原则中的有益要素，使之整合为一个更加合理的模式，确保一种比现有状况更加科学的课程设计、学习环境与教学实践基础。

情境学习的理论体系复杂且丰富，它的基本观点可以概括为以下三个方面：第一，情境学习理论对于知识的理解有其独特的视角，它认为知识绝非某件事情，也并非心理的某些表征，亦不是事实与规则的集合体，而是个体与社会或物理情境之间相互联系的属性与交互的产物。这一点也从本质上揭示老师是主体建构的基础以及环节，这必须要以情境为基础，还需要注意与其他主体之间的沟通以及交流；其始终是以情境为基础的，并非抽象的；知识是个体在同环境相互交流的过程中构建的，并非由客观决定的，亦不是个体主观臆造的；知识是一种动态的结构，同时与组织过程存在一定的联系。总而言之，情境认知学习理论明确强调知识是指个体在不同环境交流过程之中所构建起来的主题内容框架，通过对学习情境的分析来获得一定的知识学习，是一种情绪性的活动，同时是一个整体性的要素，因此无法被社会实践所分割。在现实社会之中进行社会实践创造之后可以获得相应的知识和经验，认知学习理论强调学习是个人生活实践过程之中的重要组成部分，仍然只有在具体实践的过程之中才能够获得知识的建构，这种认识将社会实践对于人类知识获得的重要性提升到了一个新的高度。第二，情境学习理论还借鉴了建构主义与人类学的相关成果，从参与的视角对学习进行研究，认为学习者应当具备一定的学习能力，同时在学习的过程之中主动性比较强，这一点直接揭示了学习与特定活动之间的相关性。另外一个人在社会实践的过程之中会与他人建立一定的社会联系，也就是说应当成为一个积极参与的个人。一个成员以及某种类型的人必须要在学习的过程之中发挥个人的价值，人们在现实情境中通过实践活动可以获得知识与相关技能，也被赋予了某一共同体成员的身份，也就是通常所说的“实践共同体”。这一点既强调了学习者个人在实践过程中的重要作用，也明确强调个人在学习的过程之中，通过模仿活动来积极地构建个人的认知模式，实践与共同体相互作用相互影响。该概念的提出不仅揭示了情境认知中知识的作用，还明确强调个人必须要注重实践能力的提升，通过对社会单元的构建来积极地发挥个人的作用。另外，学习是一种客观的结果，可以通过对该结果的分析来提高个人的参与能力。由此可以看出，学习从本质上是一个文化适应的过程，能通过积极地适应来获得共同体的成员身份，并以此来作为参与其他社会活动的基础和前提，可以将学习的意义从作为学习者的个体构建转移到作为社会实践者参与的学习，还实现了从个体认知过程到社会实践的迈进，将学习从被动的获得推向主动参与的获得。

第三，情境认知学习理论主要以个体的变化参与为基础以及核心，个体在合法的边缘性参与的基础上获得了实践共同体的成员身份。关于对合法性参与的理解，可以将这一词汇进行拆分，其中“合法”指的是在时间不断向前发展与学习者阅历不断丰富的情况下，学习者必须要充分地利用各种学习资源并积极地参与各种学习活动之中，但是学习者无法全方位地参与其中，仅仅是以部分活动参与者的身份出现；这一点也直接体现了该学习理论的基础以及前提，其中每一个个体都必须要在学习实践的参与过程之中找准自己的定位以及方向，著名人类学家Lave在其著作《情境学习：合法的边缘性参与》一书中强调学习者必须要在社会活动之中积极地参与各种实践活动，同时能够在各种活动过程中习得各类知识，然而学习的过程则是从外围开始不断向中心迈进，并逐渐参与真实实践的过程。边缘性参与学习侧重于发挥学习者的主观能动性，了解学习者在学习参与过程中所发挥的价值以及作用，另外这一点也与个人的表征关系有着一定的联系，表明初学者可以先通过合法身份进行边际性参与，在参与的过程中对专家的工作进行观察与模仿，或者尝试性地参与来获取学习的经验。所以，合法的边缘参与的学习是初学者获得成员资格的主要方式，也是从初学者向成为专家这一学习过程的关键环节。

（二）情境认知学习理论的关于学习的观点

情境认知学习理论是在建构主义获得进一步发展的基础上诞生的，它可以帮助我们对传统的教学领域进行反思和重新审视，对学习的本质特征进行重新的认识。

在情境认知学习理论中，可以获得以下几个方面的启发。

第一，应当积极地引导知识转化为真实的生活情境。布兰斯特的观点认为：“应当为学生们创造一种在“做中学”，可以及时获得反馈信息并不断提升其个人理解能力的学习氛围。”技术实践知识同工作过程知识的情境性，从根本上决定了这些知识的获得有赖于对工作情境进行再现。在这种情境下，所关注的并不是教师应当通过何种方式传递能够被学生理解的信息，而是可以为学习者提供能够对其进行意义构建产生积极影响的环境创设，让学习者在解决结构不良的、真实的问题过程中学会提出问题以及相关假设，且使学习者掌握对相似问题迁移的能力。更加重要的是，在能力特征与教学方法之间具有显著的交互作用，在与自身的能力相适合的教学情境中的学生，他们的表现从整体上要更优于一些不处于学习情境之中的学生。通过这一点可以看出，如果学生能够在情境学习的过程之中了解适合自己的学习方法，就能够更加积极地学习各种新的知识，同时表现也更为优秀。但是在具体的教学实践过程中，学习情境与实际的工作环境是存在着不同程度的差别的，这就要求教师们按照课堂教学、实验、学习、实训等教学环境的要求，竭尽全力来积极地适应各种学习的机会以及学习环境，同时这一点也能够为本专业的学生提供更多的就业岗位，通过真实情境的营造能为企业解决就业的难题，让学生能够通过情境的模拟，也来积极地进行知识的学习以及探索。其实还可以利用合法的边缘性参与机会进行有效的模仿以及观察，保证自己能够获得更多锻炼以及参与的机会。另外还可以安排学生积极地进行顶岗学习和实习，学生们在顶岗实习的过程中获得更多的参与职业角色中的机会，这一环节是学习者从边缘性参与转化为熟练者的重要方式。

第二，在具体的教学实践中，特别是职业教育的教学实践过程中，将会出现众多的默会知识，这些知识是隐性的知识，很难通过这种学习方式来进行有效的说明。由此可以看出，个人必须要在情境以及知识的互动学习过程之中了解一些隐性知识的发展情景，并通过积极主动地边缘参与来找准自己的知识定位以及行为模式，有效地促进各种事件的高效处理，提高个人的活动能力。另外，在学习情景创建时，必须要注重发挥学生的主体地位，调动学生的学习积极性，不但要亲自实践某些知识，更要通过这些活动将那些隐性的知识转化为自身的能力并能够进行更好的实践活动。这是因为“做”并非最终的学习目的，其仅仅是学生获得锻炼机会的手段。在学生进行主体性活动的过程中，教师应当在学习者处于最近发展区的最佳阶段为其提供必要的指导与帮助，从而引导学生从一个新手向专家的过渡。

第三，情境认知学习理论认为，个体在参与多场学习活动的过程之中必须要找准自己的真实意义以及客观身份，将自己的角色从合法的边缘性参与的身份向实践共同体中的核心角色过渡，这一过程是动态性的、协商性的、社会性的，使所有共同体成员利用各类互动交流和学习共同体经验，同时能够不断增强个人的主体意识，树立正确的人生观以及价值观。另外，在实践教学的过程中个体可以通过中心任务的发放以及情境教学法的运用，老师可以为学习者营造良好的学习环境，保障其能够积极地运用各种学习工具，并进行有效的探讨，共同体内部成员既需要掌握一般意义上的认知能力，也需要掌握成员之间积极互动、沟通、交流等社会交往方面的能力。由此，个体在同来自不同文化背景、能力存在差别的其他共同体成员进行理论与实践、思想与行动的碰撞过程中，逐渐掌握了相关的知识，从而形成良好的人生观以及价值观，促进个人综合实力的提升，并积极地吸收各种新的知识。

在情境认知理论的学习理念的引导下，曾经有很多的教学策略被创造出来，例如我们常见的认知学徒制、抛锚式教学、交互式教学与合作探究式学习。从教育理论与教学实践来看，情境认知学习的很多观点对于开阔人们的视野具有十分重要的意义，它契合了时代发展对于教育提出的更高的要求，且对于教育改革尤其是职业院校的教学改革具有十分重要的指导意义。它所提出的关于知识学习的新的观点，对于我们重新理解知识的内涵、怎样选择、获得工作过程的知识提供了范本，这一点对知识观念的构建有着重要的作用以及影响。另外，这种理念侧重于学习观的建立，真正地打破原有的教学模式，不再以教材及教师为中心，而是以学生的真实需求为核心，了解学生全面发展的需要，更加符合学生们成长的规律。

三、迁移理论

（一）迁移及迁移理论概述

美国著名心理学家奥苏贝尔在1968年提出了有意义的语言学习理论。该学者认为有意义的学习主要以原有认知结构为基础和前提，每一种学习过程都会受到其他认知结构的影响，大部分有意义的学习必须要注重知识的迁移，每一个知识的吸收都以现有的认知结构为媒介，通过这种知识的经验来充分地发挥相关的特征以及作用，进而更好地促进新知识的学习以及吸收，互联网时代的到来以及信息时代所导致的信息与社会知识暴增，迫切要求对教育的目标进行优化，将其定位于如何提升学习者的学习能力。

利用迁移，可以让新知识与旧知识在知识结构上实现统一，使新的知识构建在已有知识的基础之上，方便学生们理解和掌握。所以，学生们为迁移而进行学习，教师们为迁移而进行教学，已经成为学界的共识。高等职业教育作为高等教育的重要组成部门，很多基础性课程对于高职教育具有十分重要的作用，例如在机电类专业教学中，需要学习高等数学之中所提出的各种学习方法以及知识构建，在学习高等数学时，其传授给学生的不仅是那些关于数学的基本理论知识，更重要的是它能够培养学生的数学思维能力，其中主要包括空间想象能力、计算能力、逻辑思维能力以及分析解决问题的能力、创造性思维的能力等。因为高职院校的学生生源的基础普遍较差，教师怎样运用科学的教学方法，在有限的时间内使学生们掌握高等数学的基础知识，使其具备各种能力，以便于更好地进行知识的迁移就显得十分重要。在本节中，将重点对迁移理论进行论述，从中找出迁移理论对于高职机电类专业教学的价值，并借助概念图来构建“知识点结构图”的方法，从而实现有效地迁移，对于高职机电类专业教学具有十分重要的指导意义。

（二）迁移理论的研究现状

关于迁移理论的发展是一个不断完善的过程，不同阶段的迁移理论存在一定的差别，这些差别主要是形式上的，而非本质上的差别，这些理论只是关注了迁移的一个方面，应当说并不十分全面。其中，共同要素主要侧重于对相关理论要素之间的分析，了解不同要素之间的共同性。另外，该理论也提出学习的迁移主要由两种不同的环境以及要素所组成，迁移理论关注主体个人的知识经验，并强调个人的概括能力会直接影响学习迁移的实际效果；关系转换说注重主体所能察觉事物的能力，认为主体察觉事物的能力越强，知识的迁移能力就越强，因此在学习的过程中必须要注重对知识的掌握以及迁移。随着认知心理学的不断发展，关于学习迁移的研究也逐渐向知识学习方面靠拢，认知心理学更加关注认知结构对于学习迁移的重要作用。美国著名心理学家布鲁纳与奥苏贝尔都是该方面研究的专家。同时，该学者提出迁移现象主要分为特殊现象以及一般现象，特殊现象侧重于对具体知识的运用以及知识的有效迁移，还包括许多与原理以及态度相关的迁移模式。其说明强调学习的关键问题是在头脑中建立科学的认知结构，对于知识学习的理解与建构是建立在原有知识经验基础之上的，所以教师应当将其所教授的知识按照最佳的顺序呈现给学生，以帮助学生们构建起最科学的知识结构，对本学科的基本概念和基本原理进行掌握，从而更好地帮助学生进行学习迁移。

奥苏贝尔在现代迁移理论中注重对于学生的认知结构与迁移的关系的研究，认为认知结构变量对于迁移具有十分重要的意义。事实上，现有理论在适用范围与条件上都有一定的局限性，它们都只能够解释某一特定范围内的学习迁移现象，例如认知结构迁移理论适用于解释陈述性知识的迁移，产生式迁移理论仅适用于解释程序性知识的迁移，元认知迁移理论能够解释策略性知识的迁移。目前国内的研究者也将迁移理论与高职实践教学进行了分析，并提出在高职实践教学的过程之中，大部分的老师能够通过教育心理学的运用以及迁移规律的分析来了解实际情境教学的相关要求。

通过对比分析传统迁移理论与现代迁移理论，学者站在心理学的角度对机制的形成进行有效的分析，另外还针对其他因素以及相关条件进行了概述，以此来真正地提高学生的迁移能力。但是大多是体现在日常生活之中的迁移现象，其中主要包括与技艺相关的各种迁移模式。国内学者则主要侧重于站在宏观的角度对于教学过程中的新理论进行研究，主要是从以下两个方面进行了论述：首先，对心理学的学习迁移规律进行了沿袭，这种做法在教学实践中缺少与高职机电类教学的有机结合，容易出现侧重于知识的教学而忽视了学生在迁移活动学习能力的培养；其次，从高职机电类专业的学科特点出发，在开展迁移教学过程中重视对于教材内容的设置，但是在教学实践中缺少对于培养学生迁移能力的把握，使迁移教学异化为经验型教学。无论是心理学专业角度，抑或是国内研究者对迁移在教学中的论述，都对实践教学的开展具有十分重要的意义。

从一种理论发展的客观规律来看，关于学习迁移理论的讨论是一个不断完善、永无止境的过程，尤其是在高等职业教育中，由于其发展的时间较短，关于高等职业教育与迁移理论相结合的研究较少，所以在本节中，针对高职机电类专业实践教学的特点与高职学生的特点，迁移理论的大部分知识与教学实践活动有着一定的联系，并提出了与迁移理论相关的多种教学方法。特别是提出在高职机电类专业教学与学习过程中应用“知识点结构图”的方法，将更有助于学生们理解和掌握相关的知识，提升迁移的能力。为了有效地促进这一问题的解决，在教学实践的过程之中必须要了解迁移教学理念的重要因素，并进行深入的研究，重点关注促进学生学习的正迁移、防止出现负迁移的策略研究，为具体的实践教学提供有效的理论参考，更好地服务于学生的学习活动。

（三）迁移理论在高职机电类教学中的具体应用

学习是一个十分漫长而又艰辛的过程，同时该过程具有一定的连贯性，学习者必须要结合已有的知识经验，通过知识框架的构建来形成良好的学习价值观，从而积极的影响学习的实际效果。另外新知识的学习过程也会反过来影响学习者对原来所学知识的理解，对其认知结构予以重组，对原有的知识结构进行有效的丰富，强化原有的知识技能。这种新知识与旧知识之间相互影响的过程被称之为学习的迁移。如果站在更微观的角度进行分析，可以看出不同学习方法以及学习内容之间的影响，这一点被称之为学习迁移与学生相关的各种理论，其不仅与动作技能相关，还与思维方法有着一定的联系。学习态度与情感等方面。在学校的教育实践中，迁移主要与一个人的认知理论有着重要的联系，同时侧重于对自动化基本技能以及陈述性知识的分析认知策略，也会受到迁移学习的影响。如果根据迁移的效果方法进行划分，那么可以将其划分为负迁移以及正迁移。正迁移主要是指知识迁移过程之中的积极影响，负迁移则主要是指知识学习过程之中的负面影响。例如在高职机电类专业的基础课程高等数学中，通过对二元函数的分析来有效地了解多元函数，同时可以站在平面的基础之上对不同学习空间轨迹的方法进行研究，负迁移不仅影响了个人学习效果的提升，同时难以真正地提高个人的综合学习能力。

例如在学生学习高等数学中的无穷大量与无穷小量时会习惯性地将其当作很大或者很小的数，但是这种认识存在一定的偏差，这是由之前个体所学的其他方面的知识带来的负面影响。结合迁移的实际方向可以将学习迁移分为逆向迁移以及顺向迁移。其中顺向迁移主要是指根据先前已有的经验来对现有的新知识进行有效的影响。比如在教学过程之中，通过对《乘法口诀表》的背诵来了解多位数的乘法，逆迁移主要是指新知识学习对原有知识学习的影响，对于知识的理解和把握不到位以及不全面的地方，可以进行有效的修正，使得原来所学的知识更加稳定。

关于迁移理论的研究具有较长的历史，不管是国外还是国内，不管是早期的学习理论经验还是后期的理论学习结果都与其理论的应用以及相关研究有着一定的联系。另外，结合学习理论体系来说，迁移理论在整个理论体系构建的过程中发挥着重要的作用以及价值，每一个新知识的学习就会伴随着新的迁移理论的出现。因为历史上曾经出现过多种学习理论，同时出现了许多与学习迁移理论相关的各种学习理论。迁移理论主要侧重于形式训练说，另外还包括关系转化说、概括说、相同要素说以及定时说。形式训练主要侧重于对形式训练整个过程的分析，在该过程之中会产生一定的先验性，亦会对每一个迁移创建以及心智的成熟产生较为明显的影响，其中还包括个人的注意力、记忆能力、推理能力与想象能力等各个方面的能力。相同要素说诞生于19世纪末与20世纪初，是由心理学家桑戴克在实验基础上提出的关于学习的学说，这一学说认为当两种情境中的刺激具有相似性，同时会产生许多相似的因素，在整个过程之中会发生一定的迁移，不同情境之中所产生的相似要素越多，那么实际的迁移能力就越强。概括说是心理学家贾德在实验的基础上提出的，贾德认为两种学习活动之间所具备的共同要素只是产生学习迁移的外在影响条件，是出现迁移的不可或缺的必要条件，但并非相同要素说认为的是决定迁移产生的要素，其中决定因素主要在于学习者在学习迁移过程之中的共同原理的概括能力以及总体的学习能力。心理学家赫蒂里克森等人进一步提出，概括并非是一个自动完成的过程，其与教学方法之间存在着紧密的联系，心理学家赫蒂里假如能够在教学方法上关注怎样概括以及思维的能力。由此可以看出，概括说主要侧重于对相同要素的分析，并站在此基础之上对学习迁移之外的内在原因以及外在原因进行界定，这些分别是学习活动存在的共同要素与两种学习活动的概括作用。[①]

①谢利英．高职机电类专业实践教学体系构建研究［M］．长春：吉林人民出版社，2017.

第二章　机电类专业实践教学系统的建构

第一节　实践教学体系的理论构建原则

高职机电类专业实践教学必须服务于高素质的应用型人才的培养目标。为了更好地对实践教学体系进行研究和设计，综合现有高职机电类专业实践教学体系的不足，旨在遵循八个基本原则的基础上，对高职机电类专业的实践教学体系进行进一步的完善和补充。

一、系统性原则

高职机电类专业传统课程的理论体系与实践体系脱节，学生获得的知识是空洞零散不成体系的，最直接的表现形式就是导致学生缺少实际应用能力。实践课程不是与理论课程相互独立的，而是一个有机的整体，是一种有序的起承转合。因此，我们在构建高职机电类专业实践教学体系时应该注意系统性原则的指导意义。系统性包括三层含义：

实践教学课程体系构建的各个结构是相互联系环环相扣的。包括人才培养目标的确定、岗位工作任务的分析、实践教学课程体系的构建与运作过程、实践教学课程内容的选择与组织、实践教学课程的实施及评价等，各要素的结合要作通盘考虑，系统性构建。

实践教学课程体系在人才培养目标上的综合性。立足于高职机电专业学生未来职业生涯发展的需要，不仅仅是单纯强调学生某一方面能力的发展，而是强调学生综合素质各方面的和谐发展，以打造高素质的专业型技术人才为目标。

实践教学课程体系的相关要素具有系统性和集合性的特点。主要指要确保各个科目在教育方法及活动上保持一定的内在联系，从而促使各个要素之间形成一个有机的相互支持的优化的课程体系，促使实践教学课程体系发挥其整体性的功能。

二、定向性原则

明朝王守仁在其著作《大学问》中说道："今焉既知至善之在吾心；而不假於外求，则志有定向，而无支离决裂。"有了明确的目标和志向，才不会导致人生的错误选择或迷途折返。对于人才培养亦如此，明确清晰的人才培养目标是对专业型人才教育的总体要求，而且只有不断明确专业型人才的培养目标，才能够更好地把握课程设计的具体发展方向。现阶段我国高职院校中的机电类专业人才在专业课程方面有比较明确的发展目标和宗旨。在其课程内容方面也具有较为鲜明的职业类别和定性以及人才结构需求，其对培养对象的基础知识、态度、职业技能以及就业价值观的培养需要加强，并与其未来的就业岗位相匹配。因此也可以这样说，岗位定位是高职机电类专业实践教学课程体系的构建工作，是一项重要的工程，对于其实践课程体系的开发、课程内容的选择以及所设计的教学方式等都与职业岗位对人才的发展需求相一致。

三、发展性原则

实践教学课程体系的设计要遵循发展性原则。这一发展性的原则内涵也是非常丰富的。首先，高职教育与社会经济以及行业企业的发展是密切相关的，而高职院校中的实践课程也将使学生们走向真实的就业场景，学会将科学技术知识转换为生产力的重要桥梁之一。在当今社会经济发展的大背景下，职业教育的发展也受到广大社会的关注，而发展职业教育则必须要与社会经济发展的步伐以及企业行业的发展需求相一致，并不断改进和优化。在设置相关课程项目以及课程内容的时候，必须要与当前的行业技术发展水平相一致。必要的时候还需要具备一定的前瞻性，不断创新发展，走在时代发展的前列。其次，在高职机电类专业实践教学体系方面，除了要密切关注对学生的就业能力的培养，还需要关注学生在未来的职业生涯上的可持续发展情况，并不断地培养和提升学生的就业可持续发展的能力和意识。最后，无论是任何一种实践课程类型，其课程本身也存在着很多的不足之处，这时候作为教育者，需要在实践教学的过程中不断反思其缺陷，并吸收和消化其他职业实践教育课程模式的先进经验，更新实践课程理念，完善实践课程体系，实现实践课程项目的开发。

四、相关性原则

高等职业教育学院所培养的人才主要是集生产、管理和服务于一体的高素质职业技能型人才，其中生产指的是，社会组织将产品由输入变为输出的过程，这一过程需要将生产要素输入到生产系统之内，并经过长期的生产和作业来输出一些无形与有形的产品。而这一输入一输出系统就是生产与运作系统。生产制造的物品涉及多个环节，基本可以分为两种方向，分别为生产资料和生活资料。一般来说我们所说的"服务"的定义主要是指，个人按照他人的需求为他人做事，并从他人那里获得相应报酬的活动。服务具有一定的特点，即其并不是通过具体的实物的形式来满足他人需求，而是通过相应的等价劳动的形式。“管理”主要是指社会组织中的管理者，他们在社会组织活动中承担着管理的重要作用，通过制定相关计划、配备以及控制等相应的职能来对他人的活动进行组织和协调的过程。对于高职院校来说，无论是培养何种领域的人才，不管是技术型还是应用型人才，高职院校在进行专业设置的时候，都要以实现人才未来的就业价值、为社会建设做贡献为重要的目标。从这一角度上来说，实践教学课程体系的重要起点为工作体系，当然也可以说是活动体系。在专业实践课程体系建设的过程中工作体系和活动体系具有一定的关联性，而这也会极大地影响到其实践课程门类各个要素之间的关联性。

五、结构性原则

每一个事物都可以看成一个系统，每个系统都有一定的层级结构。一个有机的系统是由多种要素组成的，组成系统间的各子要素又自成一套子系统，每个子系统又由很多要素组成，而这些子系统联合在一起也可以形成更为高级的系统。这样一来，任何事物之间实际上都兼任若干个相互重合的系统。一般来说各个层级的系统之间也有很多相关要素，而这些要素之间也是相互联系的，可以发生一定的显著或者潜在的关系和作用。从人对复杂系统中元素的认识，我们可以知道系统的基本形式是多样化的，有生物的、物理的、社会的、化学的等各种形式。实践教学课程有与其他课程体系的不同之处，其具有独特的结构。其推崇学科课程的三段式结构，在教育行业中得到了广泛的推广，同时获得了很多学者的肯定。从这一方面来说，高等职业教育的实践课程体系模式的改革需从“结构”上找准突破口。从这方面具体来说：第一，要促使课程结构不断发展创新，实现根本性的变革；第二，要对课程结构进行重新设计。从改革课程结构方面来说，要建立一个与当代职业体系相适应的专业体系，建立一个与工作结构以及活动体系相协调的课程内容和教学体系。而就对课程结构的重新设计方面来看，在设计的时候是以工作体系和结构来对设计进行整体而非局部的优化，而在进行教学课程和内容设计的时候，可以以工作结构的内部结构为重要的设计依据。

六、多样性原则

高等职业院校机电类专业教育的属性、功能和中国机电类职业教育的发展水平决定了高职机电类专业实践课程的体系必然是多样性的，主要体现在以下方面。

职能类型多样，受教育者需求也不同，高职机电类专业实践教学体系必须提供多种多样的课程和教学方案，针对职能类型的多样性和受教育者的需求，专业内所对应的课程结构及内容也应有所不同。同专业内不同的职能类型，且工作任务具有一定的差异性，其在展开主线方面有的是以产品为逻辑线索，有的是以操作程序为重要线索，也有的是以工作对象为首要的逻辑线索，并以此形成专业内职能不同的实践课程体系发展模式。从当前高职机电类专业传统课程模式改革发展现状的情况来看，现阶段我国的高职机电类专业课程模式从总体上来说还是在模仿外国课程的发展阶段。虽然很多的高职院校也在尝试着进行自主创新，不断推进项目课程化的课程开发和体系构建等，但是因为各个学校的创新能力以及吸收和消化能力等存在一定的差异，因而也导致很多高职院校在实践的过程中产生了很多的问题，形成各自不一样、不统一的“课程体系”。这也是高职院校在实践探索的过程中必然会遇到的问题。但是相关研究者们也应该清醒地认识到，一个既定的职业课程体系的适用范围也是有限的。专业的不同，这一职业课程体系的适用程度也是有一定差异的，而即便是同一个专业也可能形成不同的课程体系。

我国幅员辽阔，广阔的地理环境，丰富的多民族文化共存，且各个地区之间的经济发展水平具有一定的差异，这也造成在不同地区、不同行业以及不同院校的情况比较复杂，同时在不同区域范围内，当地的产业机构以及企业行业对人才的需求也是存在一定差异的。而在进行课程体系改革的过程中，是绝不可能与当地的经济发展情况以及院校水平等脱离的，这也就造成了实践课程体系具有多样性的特点。因此，不难发现，多样化的高职机电实践教学课程体系是我国职业教育的客观现实和必然选择。

七、动态性原则

在高职机电类专业实践教学体系的理论构建过程中，也必须遵循动态性原则。随着社会发展速度不断加快，各行业的科技发展突飞猛进，科研成果不断推新，个人的兴趣也因为呈现的选择项更丰富而日益广泛多样。我国在经济、政治、文化以及科技等领域实现了日新月异的发展，在这同时也对高职教育提出了更高的要求，教育者能以最快的反应速度了解现今的社会需求，而不断推动实践教学课程的变革和发展。这也要求在课程改革上形成一个及时的课程更新机制，以及适应对社会需求的变化发展，并做出迅速的反应。职业教育课程体系是与当代的经济世界和工作体系紧密相关的，因而针对这一情况也必须要建立一个应变性强的促进结构自动调整的灵活机制。

八、创造性原则

社会的发展要求高职机电类专业教育为社会培养高质量的应用型人才，这里所说的应用型人才与我们以前所理解的应用型人才有一定的差异。社会对人才的需求不仅仅是简单地掌握基本的知识和技术，更强调人才的创新和自主学习能力，以及发现问题、分析问题和解决问题的能力。高职机电类专业的实践教学课程体系建构必须符合人才创新精神且重视学生能力的培养，凸显学生个性，重视潜能的开发。因此，创造性原则是实践教学课程体系建构最为重要的原则，培养有创造性思维的应用型人才也是高职机电类专业教人育人最关键的培养目标。

第二节 实践教学体系的理论构建方法

高职机电类专业的实践教学体系构建必须建立在一定的理论基础及构建方法之上，深入了解实践教学的理论基础及构建方法对于实践教学体系的构建会产生积极的指导作用。

一、实践教学体系理论基础

（一）哲学理论基础

首先是马克思主义实践观，这一观点指出：人类的本质以及存在的方式在于实践，只有通过不断的实践才能促使人实现全面发展。实践的本质是指个体在主观能动性下改造客观世界的对象性活动。这一观点主要包括两个方面的含义：第一，明确指出实践的本质是人类改造客观世界的物质性活动，并指出，实践是物质的基本载体，具有直接现实性的特点；第二，指出了实践的特殊本质，即其是人类所特有的特殊的对象性活动，实践的主体是人，实践的主要对象为客观事物。

实践的基本形式指出在人类的各种实践活动中，生产实践占据了重要的地位，是人类最基本的实践活动，也是其他实践活动进行的基本前提。而在其他实践活动当中，社会关系实践起着处理人与社会关系的重要作用，是一种人类的组织、交往以及管理和变革的活动。重要的实践活动还包括了精神文化创造以及艺术教育和科学实践等活动，其能够直接生产精神文化产品，是一种创造性的精神文化实践活动。

总的来说，要发挥学生的主体性主要可以通过实践教学的形式。因为实践教学本身就具备了职业院校的发展意向，能够从根本上促进高职机电类学生的全面发展。在实践教学课程中，非常注重发挥学生的主观能动性，着重让学生积极主动表达自己，发挥课程教学的主体性作用。而在这一实践教学课程培养下的孩子具备更强的发现问题、分析问题和解决问题的能力。同时实践教学的课程教学形式也具有多样性的特点，在教学中学生采取自主选题、实训、策划等形式，能够充分地发挥其主动性，学生在学习的过程中不仅仅能够巩固基础理论知识，更会随着实践的过程形成独立的世界观，使个人基本生活素质得到完善，最终实现个人能力、个人价值和个性发展的有机统一。

（二）情境学习理论

情境学习理论强调知识与情境之间的双向交互作用，而这一理论的相关观点与高职院校机电类专业实践教学中情景性的相关观点是相通的。在实践教学中把知识看作是一种以情境为基础的活动，而且是个体与环境之间的双向互动过程。这一理论也有利于我们更好地对传统落后的单一型教育模式进行反思，从而更深入地理解学习的本质及其双向性的特点。与此同时，情境学习理论中的双向交互的教学方式、抛锚式教学以及认知学徒式等教学方法也对高职机电类专业的实践教学方法选择具有一定的借鉴意义。

（三）多元智能理论

多元智能理论指出，对个体聪明与否的判断不仅仅是通过学业成绩，还应包括九种智能评定方法。该理论指出，智能并不仅仅是指的IQ，同时还是个体解决问题以及创新的能力，是一种将人性整合在一起的操作模式。智能不是天生的，其可以通过后天进行改造和完善。智能具有多元性的特点，每个人都拥有自己的独特的智能组合。最初，1983年，加德纳教授在提出该理论时仅提出了七种智能，此后又在1995年不断完善，提出了第八种智能，后续提出了第九种智能。因而当前的多元智能主要包括九种，分别是空间智能、语言智能、音乐智能、人际智能、逻辑数理智能、肢体运作智能、自然观察智能、内省智能以及存在智能。同时提出，每一位学生都可能存在不同程度的这九种智能，且相互组合在一起，导致了个体之间的智能差异。毋庸置疑的是人的智能具有多元性的特点，虽然一些个体只有几种智能的组合，这也正是他的特色和优势所在。在正常情况下，个体在受到外界刺激的情况下，通过不同程度的努力可以增强自己某一方面的智能。

多元智能理论注重在实践中发展人们的智能，重视对人们的智能进行重新审视。高职机电类专业的实践教学对学生的职业能力发展起着重要的作用，这能够促进学生实践性智能的培养。在对实践性智能的培养方面，强调培养个体的生活实践能力以及具体的岗位能力，以多元化智能为基础，大力发展学生的实践性智能，以推动高职机电类专业实践教学的职业性、生产性和实践性发展。

（四）基于新知识观的理论

知识具有构建性、情境性以及社会性的特点，根据现代普遍的知识观，知识是在不断流动的，人们不断构建认知的过程其实也是在获得知识，知识是各个主体之间不断加强合作与理解，推动双方思维融合的产物。在现今新知识观的引导之下，我们应该对教师和学生在教学中的地位进行重新界定。在实践教学过程中要充分地发挥学生的主体性作用，与此同时，教师应该从知识的传授者逐渐向知识的传播者、导航者和促进者转变。为学生获得更多的资源，提供更好的学习机会。而且，为了更好地实现高职机电类专业实践教学，则对学生的社会适应能力及相互协调能力提出更高的发展要求。新知识观非常强调知识的获得过程应是双向的，无论是在理论学习还是在知识培养上都应该加强互动与交流。

二、实践教学体系的构建方法

（一）构建课程模块系统

高职机电类专业实践教学体系构建之初，职业院校必须要深入当地的企业行业进行相关的社会调查，对岗位需求情况进行全面的了解和分析，从必备理论知识和可行的知识与技能的角度出发，根据当地的岗位发展对人才的知识结构和能力的要求情况来对课程的内容和实训情况进行科学设定，从而确保教师、教材、实训、实习和生产实践等都能够与课程内容紧密联系在一起，满足企业行业的多方发展需求。同时，在具体的教学实践过程中，还需要根据岗位的需求对不同专业以及课程岗位技能的要求设置相关的发展模块。这些模块主要包括专业基础模块、专业技能模块、公共基础知识模块以及专业技能拓展模块等，而发展这些模块的重要目的在于提升学生的综合素质、实践操作能力，巩固学生的专业知识，发展未来岗位需求的相关技能，提升其创新能力。在设置课程模块的时候也需要不断创新，打破传统，提倡以能力为本位，加强教学的技能性和实践性，为学生实践学习提供良好的资源链接平台，建立一个科学合理的教学大纲和教学计划，为实践教学课程的实施建立良好的保障机制。

（二）构建实践教学体系

要构建一个基础的实践教学体系需要重点依托学校的实训基地以及公共实验室。现今，高职院校公共实验室的教学课程主要是以基础实验室等为基础的。如基础力学实验室、机械制造基础室、先进制造实验室、特种加工实验室、机械设计基础实验室等为机电类专业学生提供公共基础实践的平台。

高职院校的公共实验室、校外实习基地以及专业实验课程等是构建专业实践教学体系的重要基础。在推进专业课程实践的过程中可以将论文、案例教学与课程设计等结合在一起，并结合专业的教学特点以及教学的条件再进行完善和调整。在实践课程中要注意充分体现机电类的专业特色。在进行具体的实践教学时，要对不同专业的专业知识和技能模块进行全面把握，并在此基础之上在实践课堂上将每一个模块的知识和技能传授给学生。最后还需要分不同的知识和技能模块对学生们的知识掌握程度进行考核，并在考核合格后发布相关证书。

要构建模拟实践教学体系可以采取模拟教学也即仿真教学的方式。近几年，在我国高职院校的实践教学发展过程中引进了模拟工厂的形式。所谓的模拟工厂主要是指为学生创造一个仿真的工作环境，并给学生布置一些工作任务，让学生真实地体验工作环境以及工作压力，在完成工作任务的过程中学会一些职业技能，并了解各个环节之间的联系。模拟工厂的主要优势在于并不需要承担一定的经济风险，学生在模拟的过程中可以以现实生活中的相关做法和设计为准，进行操作。因而，可以这样说，“模拟工厂”实际上就是一种有效的实践教学法。针对机电类专业的实践教学体系，模拟真实的工作环境和工作流程，让学生有符合现实的操作效果，能更深入地理解专业学习的含义。

构建实践教学体系的主要目的在于让广大教师和学生在模拟的过程中体会真实的工作实践过程，从而在具体实践中加深对知识的理解，并掌握相关实践技能，在此基础上学会将“学、练、用”三者有机地结合在一起，起到模拟实践教学的最终成效。

（三）构建横向纵向相关性实践教学系统

作为产学研相结合的一种新型教学形式，横向纵向的相关性实践教学内容，其包括了综合课程设计、仿真模拟、毕业设计等方面，其对学生的要求是比较高的，要求学生运用所学到的知识，来解决系统所遇到的问题，从而提升学生分析问题和解决问题的能力。高职院校内的机电类专业在实践教学的过程中利用校内和校外实验室和模拟仿真工作室，彻底还原真实的工作场景。从上机应用操作到实际动手和分析，直至完成工作，在这个综合过程中，老师成了领导者，而学生则是技术人员。类似于这种综合训练，师生之间的角色发生了互换，教室也不再是传统的教师传授理论知识的场所，其与实训基地的联系增多，这能够更好地发挥产业融合、工学交替的作用，能够有效地提升师生的技能。这一创作训练体系同时也具有实战性、综合性以及多层次性的特点，在这一体系之中，资源能够得到有效的共享，各个专业之间也能够相互合作，协调发展。共同形成一个校园微型的社会经济与生产环境、促使教师与学生获得与真实工作相同的实践成效。这对于“双师型”队伍的培养也是非常有益的，能够促使高职院校培养出更多的高素质、应用型的专业技术人才。

（四）构建人才培养模式平台

要创新人才培养的模式，促使高职院校机电类专业的理论知识与实践技能相结合，不断深化校企合作的深度和广度，促使二者实现双赢，可以在教学实践中运用“项目教学”改革，对于机电类专业来说，可以将确定的专业课程分为若干个不同的技能单元，在每个单元之后又可以分为不同的教学项目，从而通过项目的形式推动理论和实践教学的一体化发展。每个项目都应该按照所应用的方法进行模拟操作，在项目教学中教师和学生体验了实验者、生产者以及制造者的角色，这也能够极大地提升师生的专业技能水平。与此同时，还可以采用“工学交替”以及“订单式”的人才培养模式来培养人才。学校与相关的用人单位应该对市场的需求进行相关调查，再根据市场的需求来制订一个科学合理的人才培养计划。在这一过程中要重视与用人企业之间的合作，采取置换教学版块的方式，来推进联合办学。企业应该发展自身的作用，对高职院校的教学计划进行调整和完善，根据企业的用人需求共同合作，制订一个科学的教学计划，与此同时，企业还需要加入院校的教学考核当中去，了解学生的学习情况，并为优秀的学生提供奖学金，鼓励学生的实践学习。这样一来学生与企业之间可以实现良性的互动，学生可以去企业实习，在实践的同时，巩固了理论知识，学习了相关实践技能，在毕业之后如果通过企业的相关考核也可以直接留在企业中。加强校企合作能够促使学校培养出来的人才与市场的需求相统一，提高就业率。

三、实践教学的目标、内容、资源和评价体系构建

科学的实践教学管理体系是以所在区域市场经济发展情况作为依据的。作为高职机电类专业院校应切实了解院校所有区域对机电类专业人才的实际需求，为达到高职

院校培养适应技能型、复合型人才的目标，我们必须对实验教学体系的组成部分进行逐个突破，通过有效的管理机制使得整个体系能顺利地发挥其作用。

（一）构建高职机电类专业实践教学目标体系

高职机电类专业实践教学的目标是使学生提高应有的素质与技能以便更好地为社会主义建设服务。实践教学的目标越是清晰明确，构建整个实践教学体系就会有计划性，越有章法和效率。因此，为高职机电类专业的学生人群设置基于就业导向的实践教学目标体系，对于高职机电类专业教育人才培养目标的实现有着战略性的践行意义。设置基于就业导向的实践教学目标体系，就要明确只有通过理论与实践相结合，理论指导实践，实践深化理论，实践与理论产生交互作用的指导思想才能提高学生的职业素质和技能、技术应用能力的教学实践观，我们要摒弃学科本位的教学模式，树立以就业为导向的新教学观念。以就业为立足点的高职机电类专业的实践教学目标体系需要具备以下特征：

1. 学生的基本素质要求

高职机电类专业的学生应具有工学技术人员应有的基本素质，如良好的职业道德素质、较强的逻辑思维能力、强大的心理素质、较强的社交能力以及吃苦耐劳的精神等。尤其值得强调的是，学生的创新能力和学习能力是近几年高职院校一直着力培养的个人能力。因为随着社会经济发展的需求，需要大量具有创新精神和学习精神的机电类专业技术型人才。而学生具备良好的创新能力和学习能力，又使得自身在变化迅速的市场环境中不断提升，为自己在应聘工作岗位的时候更具有竞争力和优势，这对于学生的个人职业生涯是有益的。

2. 学生应具有扎实的机电专业技能基础

如针对机械方面而言，要具备扎实的机械设计基础知识功底，包括机械原理、机械制图、理论力学、材料力学等专业知识。针对电气方面而言，需要建立深厚的电气设计的基础知识功底，包括电路分析、模拟电路设计、数字电路设计等；同时还应熟练掌握自动控制原理，熟悉常见的控制算法等；因为在现在这个人才竞争如此激烈的市场环境中，只有尤为凸显个人技术能力的技术型人，才能让自己在企业的人才考核中不被淘汰。

3. 以学生就业为导向设置高职机电类专业实践教学目标

高职院校应充分做好高职机电类专业职业岗位需求分析，并以此来制定人才培养目标和人才输送方向，除了培养学生的基本能力素养之外，还应该特别注重培养学生的综合能力。让学生能够在步入社会后有很强的实践能力和生存能力，授人以鱼不如授人以渔，是高职院校机电类专业学生培养的精髓所在。机电类专业工作岗位的职业能力要求与素质主要可以总结为三种，分别为专业技能要求、专业知识要求和综合素质要求。由此，我们在培养人才的过程中应以这三种要求作为突破点，设置知识目标、技能目标和素质目标。所谓的知识目标指的是机电专业知识，如机械制图、理论力学、材料力学等；技能目标指的是机械操作和电气控制过程中的实际应用能力；素质目标指的是机电专业的技术工作人员必须具备强大的心理素质和一定的职业道德素养与敬业精神，同时也要有较好的沟通能力、创新能力、学习能力以及团队合作精神。基于就业导向的实践教学培养的是符合市场发展需求的人才，而市场是波谲云诡瞬息万变的，科技发展、政策变化、行业更新换代，相关企业对机电专业人才的需求也会随之发生一些改变。因而，我们要关注市场动态，与企业建立紧密联系，最好院校能做到与企业用人需求信息的对称性，从而能够及时更新实践教学目标体系，与企业人力资源需求部门共同建立一个紧跟脚步的、目标明确的、可行性强、可持续发展的人才培养及招聘的快速反应动态目标体系。总而言之，机电类专业的实践教学目标体系既是实践教学的因也是果，将市场用人需求与人才培养目标有机结合双向作用，必定是高职院校培养机电类专业技能应用型人才的根本目标。

（二）完善高职机电类专业实践教学内容体系

实践教学内容体系在实践目标体系中占据着重要的地位，其对应用型、技能型的机电专业技术人才的培养起着决定性的作用。实践教学的核心是实践能力、创新能力的培养，且将实践教学目标体系具体到实践教学环节中的过程。在开展实践教学时，要以四个主要方向为指导。第一，通过调整实践教学课程结构及时对课程内容进行更新。第二，针对企业需求对课程结构进行“塑身”，删去不必要的课程，增加实用性强的课程，为学生激活主观能动性学习能力腾出时间。第三，在满足基础理论知识的前提之下，尽力增加实践课程的总学时。机电专业是一个非常强调实操性的专业，在实践教学中应该突出实践教学内容的重要性。第四，出于对学生综合应用能力的培养还可以增加实践选修课的门类。树立以学生就业为导向的实践教学内容体系，合理调整课程结构，重塑课程框架，使培养出来的学生不仅拥有强大的理论知识底蕴，又具备深厚的实操技能功底，以适应企业不断更新的用人需求。因此，可以从以下几个方面来完善对高职机电类专业实践教学内容体系的构建。

1. 实践教学内容层次化

不积跬步无以至千里，不积细流无以成江河，想要达到最终的学习目标是不可能一步到位的，只有通过持续的学习递进的内容层面才可以实现。因此，应明确实践教学的内容层次，具体应做到以下几点。第一，当教学内容存在逻辑关系时，先学必须掌握的先行知识，再对后面的重要内容进行学习。因为预备知识的掌握是对后面重要知识的铺垫，首先知其然才能在知其所以然的过程中对于知识点迎刃而解，更能激活大脑自主学习的能力。第二，在课程内容彼此不存在逻辑关系时，把容易的内容放在前面，难点放在后面突破。第三，对知识建立系统性的网络，课程内容都是具有相关性的，进行知识的整合，提高学生的整体认识能力。第四，明确实践课程与理论知识课程的交互作用。

2. 实践教学课程多样化

实践教学课程的设置是关系到实践教学目标能否实现的一个重要因素，对其进行改革，使培养出来的学生能适应企业的要求。对实践教学课程进行优化和创新，必须要以具体的就业岗位的需要为基础，在满足市场用人的需求之上，创新人才培养模式和科学的课程教学方法。具体来说，促进高职机电专业实践教学的课程多样化发展可以通过以下几个方面的措施：第一，合理选择和安排各类课程和教学环节。可根据企业的实际需求制订专业教学计划，调整课程结构，将职业能力和职业素质培养进行有机结合。第二，设置模块化和开放性的课程体系培养复合型应用型人才，更好地满足企业需求，可综合课程内容，提升课程的模块化组合，选择具有个性化的课程，培养和提升学生的实践能力与综合素养。第三，校企双方共同参与课程设置。当今市场风云万变，随着产品生命周期逐渐缩短，企业对人才的需求情况变化快。学校应紧密联系企业，一方面，企业可以对市场情况加以归纳总结反馈给学校，由企业中经验较为丰富的工作人员协助学校将这最前沿的知识充实到实践教学内容体系中去。另一方面，学校可以针对企业某方面人才的欠缺，有针对性地培养企业需要的人才，形成产学结合办学的新格局，创造校企双赢的局面。

3. 实践教材选择合理化

教材是教学内容的基础，是学生获取知识的重要工具。在进行实践教学时，无论是选用校内自编教材还是选择校外教材，都应该从培养学生的实践能力出发，因为教材对于教学质量有着重要影响，因此选择合理的教材是实践教学中重要的一环，可从以下几点考虑：

（1）提高所选教材的实用性。教材的内容应是由浅入深、启发性强，便于自学，有利于学生掌握专业知识和各项技能的，我们需要尽可能地选择那些教育部职高专业教材以及国家级的优秀教材。

（2）规范各课程电子教案、PPT课件的制作，建立教学资料数据库。鼓励教师开发适合本区域市场需求的实用性强的教材（含讲义）或配套的教学辅导资料。

4. 实训教学方式多样化

实训指的是通过让学生在模拟的情境中不断进行训练从而提高专业能力的一种实践教学的形式。在高职机电类专业实践教学中起着至关重要的作用，也是实践教学常用的形式，主要让学生使用与专业有关的设备或软件从而掌握应具备的专业技能和操作技能，一般在实训基地里进行。现在高职院校一般都会在校内设定实训基地，为了更适应企业需求，高职教育可以联合企业为学生提供更真实的实训机会和场地，让实训课程对于增强学生技术能力的效果更明显。

5. 学生毕业设计效能化

让企业真正参与高职机电类专业人才的毕业设计全过程，让学生的毕业设计能够对于企业和社会真正地发挥作用。邀请企业高级技术人员成为学生的毕业指导老师，一方面能够让学生在完成毕业设计的过程中进行一次真实与企业接触的机会，理解到理论和现实的差别以及自己需要不断提升的地方，另一方面特别优异的学生也能通过毕业设计的过程被企业选聘，为其个人和学校的就业问题都增添亮丽的一笔。

（三）完善高职机电类专业实践教学管理体系

1. 机电类专业实践教学的组织管理

（1）组织原则

实践性原则。实践性原则主要指的是在教学实践过程中的教学目标以及相关教学任务要具体、可操作性强。实践教学活动与理论教学具有一定的差异，学生进行实践活动必须具有微观可视和容易把握检测的特点。只有实践教学任务和目标较为容易被学生所理解，学生对这一实践活动才更具积极性，并能够围绕实践的目标和任务，开展有效的实践活动。

发展性原则。发展性原则主要指实践目标与任务应该具备多种维度，在发展的过程中应该既要有发展目标，也要有相关的任务，保持目标与任务的灵活度。在设置相关目标的时候应该既包括共性的发展目标，同时也应该有自身的个性发展目标，促使实践教学更好的发展。

生成性原则。学生在实现实践教学目标和任务时，要以确定的目标为重要导向，来解决自己非常重视的问题，并选择自己之前所选定的任务。关于实践目标的设计方面要让学生有机会在有限的时间范围内去达成教师之前所预设的目标，并一步步循序渐进地选择难度更大的任务，实现更高的发展目标。

（2）组织形式

根据机电类专业实训的有关特点，我们将实训教学分为组队实习、委托实习式两种形式。所谓的组织实训主要是指，运用小团体形式进行集中教育培训的教育实践模式，这一模式的最大优势在于其能够充分地发挥实践单位的指导作用，并具备较强的规范性。它也具有一定的缺陷，主要在于学生可能对这一组织形式产生依赖，并产生对教学实践目标的不良意识，对实习丧失兴趣，甚至不能很好地理解实训活动的重要意义。因而，在教学实践过程中需要发挥集体的作用，集思广益。同时也需要不断提升实训生的实践水平，在反复的练习中，不断完善自己。最后也需要重视评价的作用，不断提高实训团队的整体实训水准。

委托实习主要指的是将一部分实习的工作委托于指定的实习单位，在这一形式下，所委托的实习单位须满足以下基本条件：第一，相关的工作人员需要具备较强的教学水平以及业务素养，同时也应该具备一定的职业责任感；第二，实习单位应该对教育实习保持一定的热情。委托实习具有一定的优势，主要在于其可以充分地发挥实习单位的积极性，锻炼学生的实践能力。缺点则在于其与学校相脱离，可能存在部分管理上的问题。因此，在采取委托实习方式的时候，学校与实习单位必须加强沟通与合作，及时将学生的信息反馈给学校。

（3）组织领导

定期组织机电实训生召开会议。要按照相关要求，与实际情况相互结合来制订教学实践检查计划，科学合理地布置行动员的工作，落实相关任务。定期召开实训会议，动员部署教学工作和实践检查工作的任务并具体安排。教学部门须适时地组织召开相关学习动员大会以及中期教学检查大会等，将会议的重要精神传达给每一位学生，确保教学实践环节中各项任务落实到位。

制订计划任务一览表。实习团队应该根据工作任务与目标制订一个任务一览表，对任务的完成人以及完成日期进行明确的计划，动员人们参与实践教学活动。要按照不同人的分工合作以及岗位的任务发展要求，为学生营造一个良好的实践学习环境，及时地发现问题、反馈问题、沟通问题和解决问题。调研分析和座谈激励相结合。相关教学部门应该不断提升自己的工作效率，与实践教学相匹配，作为教学部应该加强对实践单位的审核，促使其提供准确的信息，并听取其有价值的意见。对反馈的意见进行总结和归纳，将问题整体地反馈给其他部门以及教师等，确保教学质量的提高。当发现问题时，作为教学部门应该对教学信息进行详细解释，引导相关部门和教师去解决问题。

加强教学实践检查督导工作。要加强教学实践的检查督查工作，认真的检查各个部门各个环节的相关问题。以经验为基础，指导教育教学实践工作往更好的方向发展。相关部门应该及时地总结教学中可能存在的问题，对原因进行深入分析，并提出有针对性的建议，及时修正和解决遇到的问题和难题。

2. 机电类专业实践教学的运行管理

（1）对学生的现状进行系统分析

提出建议的分析形式。应该重视实习生对本专业实践的需求和期待，从而深入地了解学生对实践的态度以及解决问题的积极性。

布置相关作业的分析形式。要全面地分析实践现状，仅做一次摸底调查是完全不够的，还需要更为充分地、全面地摸底调查。相关作业可以分为个人作业和实习作业。通过布置相关作业的分析也能够对学生实践能力的学习情况以及各个团队之间的协作能力等做一个全面的调查。

私下沟通交流的分析形式。老师应该在课余时间发现学生的问题，增强与学生之间的沟通，从而更多地了解学生的期望和想法，能够更全面地掌握他们的心理需求。

（2）师生共同讨论，确定教学计划

各实训团队提交学习计划。在思想动员和共同讨论的基础上，应该采取通过实习团队为子系统的形式来进行划分，在实习团队中选出队长，其负责集中研讨，运用相关理论，制订学习计划。

公开评审各实习团队计划，择优评选。召开对各实训团队的学习计划的班级评审会，在各个团队之中应该选择出一位代表，与一位老师组成评审团，对各个实训团队所制订的实训计划进行评估，并提出相关的建议。在通过评审之后，应该对实训计划中的进度安排、制定标准以及评估形式等进行全面思考并选出最优的实训计划。

确定最终的学习计划。各个实习团队应该在结合自身的发展特点的基础上以评审会的相关共识取长补短，学习他人的长处，制订出更加科学、全面的学习计划，并加以实施。

（3）把控计划的实施过程

各个实习团队按学习计划独立实施。各个实训团队应该要以实训学习计划为基准进行计划的实施，在这一过程之中各个实训团队应该严格要求自己，认真落实计划的相关内容，积极地展开各种内部交流与讨论的活动。实训团队内部的学习交流，在实训团队内部交流的过程中应该选出一位组长，其对实训内部的情况应该全面了解，并在现实情况的基础之上，将队员细分为不同的子系统，分配各自的任务，进行学习交流。实训团队外部的学习交流，应该鼓励学生采访那些在实践基地中的高层管理人员，以及其他实践技能较强的基层工作人员，通过采访的形式来了解实践基地的一些情况，从而丰富自己的实践知识，促使学生不断提升自己的实践能力。实训阶段性的总结，各实训团队应该根据实训计划的相关进程，定期对自己的计划落实情况进行评估和总结，以清楚地发现自己的问题和不足，并及时调整下一步计划。

针对性的课堂教学同步进行。教师在选择教学内容的时候也要考虑实践的目标，与提升学生的实践应用能力相结合。同时也应该与时下各个企业的用人需求以及学生的兴趣点相契合，只有这样才能引发学生的学习兴趣，提高学生的未来就业能力。此外，教师还可以在课程结束后，布置相关的作业任务来巩固学生的实践知识，提高学习的有效性。

教师的指导、支持与控制。在执行计划的过程中，学校应该安排相关老师参与到各个小组的计划中去，督导学生的计划实施，并适时地为学生提供相应的支持。

3. 机电类专业实践教学的制度管理

在实践教学中，制度管理是一个非常重要的内容，是每个实训基地都应该重视的，其能够有效地提升学生的实操能力。一般来说，相关管理制度是由学校制定的，对于实践教学的经费申请、费用申报以及资源共享等进行合理安排。同时学校也会对学生实践任务的完成情况进行抽查和监督，确保管理制度得到有效的实施。实训的学生应该以实践教学计划为基准完成实践教学任务。在结束实训之后，完成相应的实训总结以及报告书等，学校可以根据实习单位的反馈以及实训报告的内容对学生的实践教学情况进行了解，分析总结，制作教学检查报告，在报告中应该着重于发现问题，总结经验与寻找措施。

4. 优化高职机电类专业实践教学评价体系

实践教学评价体系是实践教学的一个重要组成部分，在整个实践教学体系中起着监督与反馈的作用。完善的实践教学评价体系有助于增强实践教学宏观管理的效果，提高实践教学的质量，它应该是全面的、客观的、科学的和准确的。科学的实践教学评价体系能让我们更了解整个实践教学体系的进行情况，帮助我们从反馈上来的信息中发现存在的问题，引起对实践教学现行模式的反思，改进教学过程，从而进行一个良性的循环优化，最终更好地提高教学质量。同时，对于学生而言，评价也是对学生学习方法的综合考量，有助于他们调整学习策略，取得更好的学习效果。评价体系的建设可以从以下几点着手进行。

（1）采取形成性的多样化的评价方式

以对学生课程考核评价为例，评价方式可分为终结性的评价方式和形成性的评价方式。所谓终结性的评价方式主要是指针对学期末的考核，这种方式不重视学生的学习过程。但是形成性的评价是一种发展性的评价，包含的内容也比较丰富，包括对学生情感、成绩和态度的评估，这种评价方式有助于学生调控自己的学习过程。此外，相对于传统的较为单调的评价方式，我们可以通过多样化的方式去进行评价。

将实践教学分为不同的阶段，对每一阶段进行多样化的评价。多样化的评价方式和传统的单调笔试有很大的区别，这样的方式可以更好地发挥学生学习的主动性、积极性，有助于更好地全面地评价学生的整体实践能力。此外，对有些课程，我们可以采用以证代考的形式，将职业能力培养与职业资格证书或职业技能等级证书无缝衔接。

（2）建立多方参与的实践教学评价体系

以对实践教学体系中实训基地建设的评价为例，参与评价的除了学校相关的管理部门，还应有企业。也只有做到这样，评价结果才能真正做到客观公正。再如对毕业生的评价，应是五方评价，包括毕业生自评、学校、家长、企业以及第三方权威机构。①

---

① 谢利英．高职机电类专业实践教学体系构建研究［M］．长春：吉林人民出版社，2017.

第三章　机电实践教学有效模式

第一节　机电产教结合实践教学

一、产教结合的含义与特征

（一）“产教结合”的含义

基于对学校、企业及行业等诸多教育资源、环境的充分利用，让社会不同行业、各类企业培养应用型人才为目标的教学模式。即密切联系产业、教育部门、实际生产经营、教育教学活动等诸多主体及过程，形成一个有效衔接、良性互动的整体，利用学校、产业、行业在人才培养等方面的有利条件，有机结合课堂理论知识传授、实际经验能力直接获取的两种教育环境，发展全新的教育模式。

（二）产教结合的基本特征

1. 多主体的结合

即政府、行业、学校、企业等都积极参与的、有机的整体，其中政府发挥着调控的作用，学校与企业是具体运作的主体，应当更加突出学校与企业这两个运作主体的地位与作用，让学校与企业一同参与到教学与管理的工作中来，形成制度、组织、运行等环境不断完善的局面，从而使得企业、学校、社会三者之间能够彼此协作，实现协同发展。

2. 多要素之间动态的结合

也就是理论知识学习过程同实践工作过程结合起来，充分结合人才培养方式及用人标准、企业具体需求与专业设置及课程体系的构建、岗位需求与技能培训，将实训基地建设同师资力量组建结合起来，密切联系学校发展空间的拓展及企业发展。

3. 职业教育的必然属性

职业教育、产业部门之间的联系是紧密、天然的，其根本目标是为经济社会发展培养更多的应用型人才，而应用型技能人才的培养需要与社会经济发展的实际相适应，产教结合的教学模式契合了职业教育同社会经济发展天然的、密切的内在联系的要求。

二、产教结合的理论依据

（一）马克思、列宁有关劳教结合的论述

马克思在《资本论》中提出了劳教结合的模式，他指出“产教结合不仅是提高社会生产的有效方法，还是促进人类社会全面发展的唯一方法”。列宁也曾经说过：“假如没有年轻一代的教育同生产劳动相结合的努力，人类未来远大的理想是不能实现的，不管是脱离生产实践的教学，抑或是未能及时予以教育的生产实践，都无法与现代科技水平的要求相适应。”

（二）我国早期“生活即教育，社会即学校，教学做合一”思想

在20世纪二三十年代，我国著名教育家、近代职业教育的开创者黄炎培先生就提出：“职业教育的开展，应当积极建立起教育界与职业界的有效沟通。”除此之外，他还强调职业教育应当“符合社会的需要”“必须注意时代发展的趋势与走向”“办学应当主要观察职业界需要哪些人才，课程与教材的设置也应当首先参考职业界的意见。训练学生期间，必须与职业领域的习惯相契合，在对教职人员进行聘请期间，一定要将其重心集中于职业界人才”。为此陶行知先生创造了全新的教学理念，即“生活即教育，社会即教学，学做合一”。

（三）“教劳结合”论

赫尔曼·施奈德是美国辛辛那提大学的知名教授，其着手组织并将合作教育创办了起来，该职业教育模式的基本特点在于将学习与工作结合在一起，实质在于“教劳结合”这一实用主义所倡导的理论，提出教育需要密切结合社会生活及社会生产，这是教育发展的必然趋势。教育同生产劳动相结合应当与接受教育者的实际需求联系起来。教育同生产劳动相结合的目标是为了更好的促进学生就业，更好地进行自我教育，为他们更好地走向社会服务，由此使得学校过渡至生产企业这一过程有着可靠的支持。

（四）杜威的以“经验”为核心的知行统一论

杜威是美国知名教育学者、哲学家，于20世纪30年代就对“教育即生活”率先作出阐述，提出须使教育、社会两者联系起来，在传统的教育模式中，其课程限制于和人性理智范畴的契合，与学者的研究、知识积累、学术把握等需求相适应，但对于民众生产制造、创造等的诉求是不相契合的。以此杜威强调应当从做中学、从实践中学，以活动性、经验性的主动实践代替传统的书本式教学模式。

（五）福斯特的“产学合作”论

产学合作的办学形式是由著名学者福斯特提出的，在福斯特看来，职业教育中存在着很大程度的技术浪费问题，之所以会出现技术浪费，主要是因为以下几个方面的原因：首先，市场并不需要这些接受过技术培训的人才，部分国家为了适应将来经济发展的需要，提前培养了大量的这方面的人才，但是从当前的经济发展状况来看并不需要这类人才；其次，市场上确实需要某一方面的人才，但是这些人才却被安排在那些与受训内容无关的岗位上，导致学非所用。市场对这类人才有需求，但是因为对职业前景与职业报酬不满意，高职院校的毕业生选择那些与专业不对口的职业。针对这些情况，福斯特提出：职业教育的受训者在劳动力市场中的就业机会与就业后的发展前景是决定职业教育发展最为关键的要素。所以职业教育应当以劳动力就业市场的实际需求为导向以实现更好的发展。福斯特认为，应当发展多种类型的职业教育，职业教育的发展应当符合当地的经济发展水平，必须对课程的形式进行改革，在职业学校中多设置工读交替的“三明治”课程与那些具有实效的短期课程；实践课程最好在企业中开展，尽量缩小学校教育同实际工作情景之间的差距，职业教育与职业培训应当逐步从以学校为本位向产学结合的方向发展。

三、“产教结合”办学模式的作用

（一）产教结合能够有效地促进人才培养模式的创新

（1）校企合作可以确立以职业能力为中心的课程设计思想职业教育的发展与社会经济具有十分密切的联系，所以必须改变以学科为中心的课程设计，转变为以职业能力为中心的课程设计。通过在课堂教育中引入企业，可以及时地对职业技术、技能的发展变化进行反馈，促进职业教育即是对教学内容进行调整与更新，使课程更加实用、更加具有前瞻性。与经济社会发展具有紧密联系的职业教育可以根据市场的需要随时调整人才培养的方向，必然会进一步优化人才培养的模式。

（2）产教结合可以确立适应社会需求的人才培养质量标准通过产教结合的办学模式可以最大限度地感受社会需要具备哪种素质、拥有哪些知识、何种能力的人才，进而以此为基础设置专业课程、调整教材内容，建立以职业能力为中心的教学体系，提升人才培养的适用性。

（3）产教结合可以促进教学方式向“以学为主”转变。开展实践性教学是创新人才培养模式的重要内容，提高实践性教学在整个教学实践中的比重，使实践性教学贯穿于高等职业教育的整个过程，摆脱传统的以教师为主导的教学模式，逐步建立以学生为主的课堂模式。使学生的主观能动性得以有效发挥，不断增强其实践能力与创新能力。

（二）产教结合有利于降低职业教育的办学成本

对于职业教育来说，需要投入大量的人力物力资源，特别是实训基地的建设更是需要耗费巨大的资金。如果单纯地依靠政府投资或者学校自主出资建设是不切实际的，因此必须依靠企业等社会主体参与其中。高职院校与企业合作开展实训实习具有两个方面的优点：第一，合作办学能够有效减少全社会的办学支出，因为学校兴建的实训基地主要是为学生开展实训服务的，不具备营利性与生产的功能，也就无法及时对落后的机械设备进行更新，面对着科技发展日新月异的环境，很多落后的设备无法满足学生们进行实训的需要。通过利用企业的生产场所开展实训，一方面可以保障设备的先进性，使学生们获得更加有效的实训机会，另一方面学生在参加实训的过程中作为劳动力为企业生产相应的产品，为企业创造了效益，无形之中也就降低了企业为实训付出的成本。第二，同职业院校实训基地相比较，学生在真实的工作环境中开展实训，可以深刻地感受到企业的工作环境与工作氛围，对于受训者形成良好的工作态度，职业道德等具有非常重要的作用，为学生今后走向工作岗位奠定坚实的基础。

（三）产教结合有利于实现学生就业与企业用人的有机结合

通过产教结合这一有效平台，利用工学结合的教学模式，学生在职业院校学习基本的理论知识与基本技能，在企业参加专业的职业技能培训，参加企业的生产实践活动，进一步熟悉了企业的生产环境与生产流程。以此为基础，企业与学生可以更好地进行双向选择，企业不用花费更多的成本用于招聘人才或者对新员工进行培训，极大地降低生产成本；学生则可以通过定岗实习，熟悉并掌握了企业技术应用的流程以及生产、管理需要注意的相关事项，积累了大量的生产经验，为其今后走向真实的工作岗位奠定了坚实的基础，提升了其就业的竞争能力。

（四）产教结合有利于职业学校建设“双师型”师资队伍

最近几年以来，我国的很多高职院校根据市场需求的变化，及时调整和优化专业结构，但是随之而来的问题是专业教师队伍的薄弱，导致专业教师队伍面临人才缺乏的窘境，在很大程度上制约了职业教育专业结构的调整。“双师型”教师是职业教育师资队伍建设的重点，通过从企业聘请那些长期在一线工作的工作人员作为兼职教师，能够有效缓解职业教育专业师资队伍结构同专业建设结构之间存在的矛盾。所以，通过拓宽职业教育“双师型”师资队伍的外延，将更多的企事业单位中具有高水平的专业技术人员纳入高职院校“双师型”队伍中来，能够极大地缓解专业教师队伍面临的结构性不足问题。除此之外，高职院校的教师与企业工作人员组合而成的师资队伍，可以培养教师的“双师型”素质。一般情况下，职业院校的教师很少接触实践的机会，在掌握新技术方面比较滞后，通过聘请某一行业的一线工程师或者技师到学校开展教学活动，能够有效弥补职业院校教师存在的这一缺陷，有利于其将最先进的技术传授给学生。学校教师在与企业技术人员进行合作教学的过程中，通过某些场合的非正式交流，在不经意间可能会碰撞出某种新的思想，这对于提升学校的教育质量或者促进企业的创新具有十分重要的意义。

（五）产教结合可以全方位拓展办学途径

根据《职业教育法》中所提出的："建立健全学校教育与职业培训共同发展，与其他教育相互沟通、协调发展的职业教育体系。"职业教育不但是素质教育同岗位适应性教育相结合的学校教育，也包括更加具有针对性的适应就业与知识更新的社会培训。职前培训、就业培训、在职培训已经成为一个系统的职业教育体系，使得职业教育向着过程化、终身化的方向发展，这就为职业教育拓展办学途径创造了更加宽广的平台。同时，职业教育所具有的特殊教育属性决定了其在服务社会经济发展方面所应具备的功能，这就要求职业学校不应当仅仅成为教学中心，还应当成为科研中心、成果孵化中心。所以，职业学校应当将产教结合作为结合点，按照企业生产过程中遇到的机遇或者难题，准确定位研究与教学的内容，不断推进产学研相结合，实现科技成果向现实生产力转变。如此，便可以有效提升职业院校服务企业与经济社会发展的能力和水平，同时又能够促进其自身的多元化发展。

第二节　机电模块化实践教学

一、理论内涵

高职院校模块化实践教学模式是在模块化分类思想下对实践教学过程中各类要素予以阐释后得到的实践教学范式，是一种与教学模式理论内涵相符的教学范式，是实践教学模式理论应用于实践的具体化形式。

（一）模块化实践教学的主要特征

1. 综合性

模块化实践教学模式的主要目标是为了进一步培养和增强学生们的综合职业能力，具体体现在两个方面：第一，实践教学本身在教学内容、形式等方面具有综合性，对于人才的培养也具有全面性与综合性；第二，实践教学既注重培养学生的操作技能与职业能力，也注重对学生一般劳动能力的培养，既要求学生具备良好的职业素养，又要求学生具备与社会发展相适应的思想观念、行为模式与健全的人格和社会交往能力，也就是要求学生既能处理好工作中的事情，也能处理好人际关系。

2. 开放性

通过分析实践教学的目的与主要任务，可以发现这一模式从本质上来说必须具备一定的开放性。实践教学必须向行业、向社会开放，也因此决定了其内容的开放性。它必须时刻了解行业与社会需求，为其将最先进的技术与工艺成果吸收进来并体现于教学过程中，为高职学校毕业生进入企业从事实际工作打好基础。与此同时，实践教学在形式上也具有开放性，它的教学流程、教学地点、师资力量配备等都与行业或企业紧密相连。

3.系统性

按照系统论中的原理，实践教学模式本身就是一个完整的系统，这一系统包含了目标体系、内容体系、管理体系与保障体系四个组成部分，其中每一组成部分又包含了多个构成要素，如此便形成了一个多层次、多样化的动态实践教学系统。在这一系统中，起核心与驱动作用的是目标体系，目标体系决定着其他三个方面的体系；内容体系解释了需要做什么以及如何做的问题；管理体系则可以对信息进行反馈与调控；保障体系能够及时化解影响正常教学活动的不利因素，确保教学活动顺利开展。除此之外，高职实践教学不应当仅仅局限于某一时间段，而应当体现在专业教学的整个过程中，这主要是因为实践技能的养成并非是一朝一夕就能完成的，而必须在不断练习的基础上进行提升和巩固。首先是伴随着专业教学的进程，各种训练连续不断、贯穿始终；其次是各项训练之间相互联结、循序渐进、层层递进。实践教学模式是一个完整的、有机联系的系统，其各个要素必须科学地配置、统筹兼顾，才能达到整体最优的效果，才能保障实践教学体系有效运转，为学生们创造良好的学习与实践环境。

4.双主体性

实践教学过程的本质是以培养技能、提高职业能力为基础。所谓实践教学的双主体性有两方面的含义：一是指实践教学的开展不仅以学校为主体，还注重行业、企业的参与。行业、企业不仅提供实训、实习场所，还参与专业建设、实践教学计划制订等，直接介入教学实施过程。比如，学生在生产现场的实习、实训，其指导老师往往是工厂的在职技术人员。二是指“模块化”实践教学模式相较于其他实践教学模式而言，更注重发挥学生的主体作用，是一个以学生为主体的双边活动过程，因为学生主体的实践活动是学生职业素质形成和发展的必由之路，特别是“模块化”思想下实践教学的分类较复杂，对学生综合性职业技能的要求更高，所以教学过程中教师过多的活动是不能体现出该分类的优势的，学生对专业知识的学习、职业技能的掌握和一些职业素养的养成必须以自己的亲身参与为前提条件，学生的参与程度也是评价实践教学效果的指标之一。

（二）模块化实践教学的理论价值

从理论角度来讲，“模块化”实践教学体系的贡献是显而易见的，它对于以后的研究从这个角度的切入提供了基础，对于实践也有一定的指导意义。首先，“模块化”实践教学模式的分类原则更符合认知流派技能型知识习得的掌握规律，是更加科学的技能分类，便于知识的掌握和熟练；其次，便于教学活动的开展和管理；再次，便于实践教学科学评价指标体系的建立，在“模块化”分类思想下的评价体系是更符合实践教学特点；最后，便于学生综合职业能力的养成。

综上所述，高职教育实践教学是一种以培养学生综合职业能力为主要目标的教学方式，是高职教育的主体教学，它在高职教育教学过程中相对于理论教学独立存在但又与之相辅相成，主要通过有计划地组织学生通过实验、实习、实训等教学环节巩固和深化与专业培养目标相关的理论知识和专业知识，掌握从事本专业领域实际工作的基本能力、基本技能，培养解决实际问题的能力和创新能力。“模块化”实践教学思想下的各模块独特的教学过程决定了其教学要求和评价方式的独特性，也是本研究的逻辑起点。

二、高职院校“模块化”实践教学模式构建原则

马克思主义认为，实践是理解主观与客观、认识与对象统一性的基础，人的全部认识能力是随着实践的发展而发展的。实践是认识的来源，实践是认识的动力，实践是检验认识真理性的唯一标准。“全部社会生活在本质上是实践的”。人们为了从事实践活动，不仅必须反映出事物的本质和规律，还必须基于这种认识，能动地、创造性地塑造出符合主体需要的理想客体。任何社会实践，都必须在科学的理论指导下才能取得成功。科学的理论又有赖于实践经验的总结和探索。毛泽东说，“做就必须先有人根据客观事实，引出思想、道理、意见，提出计划、方针、政策、战略、战术，方能做得好”。

美国著名教育学家、心理学家布鲁姆等人认为，完整的教育目标体系应包括认知、动作技能和情感等三大领域，培养目标则是围绕实际岗位职业技能要求而制定具体要求。高职教育实践教学目标是围绕实际岗位职业技能而制定的具体要求，培养基本技能和专业技术技能，使学生具有从事某一行业的职业素质和能力，包括实践能力、职业素质、创业能力、资格证书等几个方面。具体而言，高职实践教学目标体系应包括以下内容。

一是实践能力。培养实践能力为主的高等技术应用型人才是高职教育的根本目的，实践教学体系则是实现这个最终目的的重要保障。学生的实践能力获得可通过单项能力、模块能力、综合能力和扩展能力的顺序分阶段逐步提高。二是职业素质。提出了更高的要求，社会信息化、经济全球化、学习社会化对高职教育人才素质实践教学体系不是单纯以培养实践技能、职业素质为目标，而是注重学生职业道德、奉献精神、团队精神等方面的培养。三是创业能力。学生学习的根本目的就是满足谋生本领的需要，也就是满足学生创业的需求。通过创业教育可以锻炼学生的择业能力和生存能力，这是高职院校推动就业的必然选择。四是资格证书。学生获得职业资格证书，是对学生职业能力的综合检验，也是学生顺利就业的基本保证。持证上岗是规范劳动力市场的有效手段。实践教学体系的能力训练要和职业资格证书的考核要求结合起来，高职院校学生毕业必须获得毕业证书和资格证书，同时还可以根据自己的兴趣获得驾驶证书、计算机、英语等级证书等，这就可以大大拓宽学生的就业渠道。

三、“模块化”标准下实践教学分类

按教学目的来划分，本文将高职教育实践教学分为三大模块。一是基础模块。以

培养学生发现、分析、解决问题的能力及严谨的科学态度和基本操作技能为主。二是提高模块。主要包括基本职业技能训练、项目设计等环节；以探索性、设计性课程为主，以吸引、激发学生的求知欲，培养学生综合把握和运用学科知识的能力为主要目标。三是综合模块。是指通过综合性的实训环境，进一步熟练掌握专业技能和处理问题的综合技巧的课程，如网络管理技能实训课程等，突出学生创新性、探索性能力的培养，提高学生综合运用专业知识、专业技能的能力。主要以社会实践、毕业设计（论文）为主，突出学生创造性、探索性能力的培养。这样，普通意义上的实验、实训等实践教学课程按照一定的标准被分类，具体内容如下。

（一）基础模块

高等职业教育范围所定义的基础模块中涉及的实践方面的课程，主要包括辅助学生完成项目设计以及提升其基础专业技能等方面。在进行基本技能方面的学习与练习时，其有关内容并不完全相同，通常在不同的专业间存在着一定的差异，但大体来说都是些思维方面的训练以及实验能力和技巧的培训。通常其进行教学的地点都是在校内的相关实验室中，由专业老师指导辅助进行，在标准要求的条件之下，使用相关的仪器设备，对实验的现象进行观察和分析，从而获得相关方面的知识，达到理论与实践相互配合的学习模式。实验对于学生来说是获取经验的重要手段，同时也是学生对所学理论进行实践与检验的重要方式，高职院校在进行基础和专业方面的授课时常采用实验教学的方法。使用这样教学方式不仅能够使所学理论得到验证，使学生发现和解决问题的能力得到提升，还能培养学生细心、耐心的性格特点，使其养成对于科学严肃认真的态度。实验课程通常有下述几种类别：

1. 示范性实验课

顾名思义即教师进行规范操作，学生旁观而不参与实验过程的课程。该种类型的实验课一般在学习相关理论知识时辅助进行，可以使得课堂所要教授的内容更为直观，达到更好的课堂效果，或者通过规范的操作演示来使学生加深规范操作的印象以及实验过程中所需要重点注意的问题等。

2. 操作性实验课程

该课程的操作主体为学生，旨在通过反复的训练使得学生能够更加熟悉操作过程，并掌握相关的操作重点，同时，使学生在操作过程中培养自身发现和解决问题的能力。

综合性实验课程。此类课程通常会进行多学科的综合运用，课堂上也会涉及多设备的操作训练，比如进行相对高端的设备的性能测试等，其涉及领域相对较广，知识水平要求相对较高，要求具有很强的综合性质。

（二）提高模块

提高模块是整个教学过程的重要环节，在这一模块的实践课程中占绝大部分的方式均为操作性课程模式。这一模块的教学所要达到的主要目的是通过反复的训练使某项技能被很好地掌握，通常包含岗位实践以及应用能力实践等方面。一方面通过训练使得学生的实践能力得以强化，掌握必备的技能，同时也达到培养其职业素养方面的目的。

1. 设计性实践课程

此类实验方式具体来说就是由教师进行相关实验要求的阐述及明确工作，然后学生依据这些要求以及实验本身要达成的目的自行设计方案，进行详细的实验步骤规划，并由其自身独立完成，最终形成报告。此类实验对学生的要求较高，因此时常应用于高年级教学中，对于已经进行过上述实验教学的学习并具备上述实验能力的学生，是一个非常重要的提升环节。

2. 项目设计

具体来说就是在教师的引导下，参与此项设计课程的学生通过相关几门知识的综合，解决一项具备一定综合性质的问题，其项目的完成程度通常以成果作为具体的衡量标准，比如产品或者是相关设计成果等。此项课程的安排通常在某一方面的专业课程即将或已经结束的时候。其具体任务依据课程目的不同而有所差异，但通常都包含以下几个环节，如相关设计、文件编制、方案论证以及成果输出等。换句话说，项目设计就是要求设计者通过综合运用所学知识与技能，自发地且具有一定创造性地完成相关方面的某项任务。在这一课程的进行中，通常能使得学生得到以下收获。

（1）通过所学理论的指引以及相关知识技能的综合运用等，进行实物设计和产出的能力。

（2）对相关文献以及其他参考资料上面有助于项目本身的知识进行总结和提炼的能力。

（3）通过文字以及图表等方式明确表达观点内容并进行论证说明的能力。由此可见，项目设计属于一种对于知识的综合运用考察。在进行相关项目设计时，十分重要的环节便是选题，这一环节在一定程度上决定着项目本身的实效性情况。在进行选题时，通常应该遵循综合性以及实用性的原则。此外还可以在条件允许的情况下，选择较为真实的课题，来提升该项目的实用性。为了达到这一要求，在进行课题选择时，通常会在工厂进行初步筛选，以确保其实用性。

第三节　机电案例实践教学

一、案例教学法概述

通过对相关的文献进行查阅和研究发现，案例这一要素在案例教学过程中发挥着重要作用，它也是案例教学的核心要素，应该引起高度重视。如果没有实际的案例被放在教学当中，就称不上是案例教学。在不同的学科，案例这个词有着很多不同的含义，所包含的概念是随着学科的变化而变化的。世界范围内，诸多学者对于案例这个词，也有着自己独立的见解。通过一定的总结和研究发现有以下几点：一是特定情景说。这种特定情景说指的就是，把案例这个词理解为对一定的情景进行的一种描述。也可以通过以下的例子来进行进一步的认识和理解。

通过以上内容的描述，我们可以知道，在世界范围内，对于案例的理解都是有着不同观点的，但是这些学者的共同观点就是案例本身就是对于实际情况的一种描述，是客观存在的，而不是凭空捏造而来的。从综合的角度来看待案例这个词，那就是为了最终能够完美地达到一定的教学任务，会围绕一个中心主题，从而把社会中那些真实存在的实例或者是素材方面进行一定的整理最终编写成为对于一种情景的描述。所以案例教学也就是说，教师按照教学任务，让学生开展对案例的调查、阅读等活动，在这个过程中，发挥的作用是很大的，可以不断提高学生分析问题的能力和独立思考的习惯，对于知识和理论的认知也会更快，记得更牢，为以后踏上社会打下坚实的基础。长此以往，这种教学方法是非常有作用的，也会成为一种新的教学模式，促使教学方式不断地向多元化发展。案例教学是教育工作者把理论和社会实际相结合的一种模式，把案例作为教学过程中的一大核心，在教学的实施中，老师和学生其乐融融，针对话题开展一定的合作、交流以及互动，调动学生的主观积极性和自我创造力。这可以增强一种集体意识，师生都可以进一步地得到提高，也使得老师和学生之间的关系更加融洽。因为案例教学的推广和实施，在世界范围内还有一些教育机构，都取得了一定的成果。因此，案例教学也受到人们和教育工作者的关注。因为这是一种全新的理念，且受益颇丰。让学生更加积极地融入进来，这样有利于人才培养。这也是为了国家将来的发展做考虑，是一种时代发展的必然结果，是无法改变的。比如说在高等职业学校，在教学计算机这门课程的时候，实施案例教学这样的方法就显得尤为重要，也是具有一定意义的。实践性教学的理念得到进一步的加强，促进了教学成果的优化。

二、案例教学法的历史渊源及其含义

案例教学这一概念从雏形发展到今天已经经历了很长时间。案例这一概念起初是出现在医学中，之后随着社会的不断发展，法学、军事学等学科中也有案例这样的内容。案例教学法是19世纪70年代美国哈佛大学法学院院长兰德尔首创的。他之所以会创造出这样一个全新的教学方法，是因为当时的教学形势让他觉得应该注重培养学生的技巧和能力，而不是简单地只是对于理论知识的传授，使学生的自我思考能力也能得到进一步的提升。从那以后到1891年这段时间，美国一些高校开始引起重视，大力发展案例教学的教学方式。20世纪初，案例教学已经被广泛地推广使用，这主要是因为所带来的积极作用是大家有目共睹的。这种教学方式也在使用过程中，不断地被改善和创新，结合实际教学学科的特点，进行一定的变化和完善。在当今社会中，人才的竞争形势已经特别激烈，高精尖人才也是非常少的。这样的社会形势下，对于人才的实际使用提出了更高的要求，在信息不完全的情况和遇到突发情况的时候，需要及时地应变能力和反应速度。在这种情况下，案例教学由于本身的效果十分显著，深受人们的信赖和推崇。案例教学法是指老师根据教学目标的需要，以案例为中心对学生进行讲解和让学生研讨，带动学生从实际案例中学习、理解及操作实验，达到将知识和实际情况结合起来的效果。案例教学法是指通过选择、设计等目的，描述企业急需决策或解决的案例，然后搬到课堂上进行共享，让学生进行研究，可以发表自己的意见。案例教学法是指以真实事件为基础所撰写的案例而进行课堂教学的过程，在这一过程中，学生以小组的形式，进行互动合作交流，阐述自己的意见，最后进行客观的总结。这是一种启发性的教学模式，可以锻炼学生的思维和探究问题的能力。案例教学法是指通过一组案例，由于这些案例都是真实存在的，所以就会给学生一种形象化的感受，学生也可以在探究之后，依托自己的思维和掌握的知识，做出最后相应的决策，培养学生解决问题的能力。

三、案例教学法的特点

这些案例教学法的定义，虽然在表达的内容或者文字方面存在差异，但是从根本上来看都是一样的，总结出案例的主要特点就是：

（一）学生成为教学过程中的主角

我国教育部部长周济在被访谈时讲道：“教育的中心是学生，因此一定会以学生为核心。怎样培养人、培养成什么人，这是我们在我国的社会主义教育发展中必须要解决的核心问题。所以，一切教育工作都是为学生所开展，要把学生培养好，培养成一个全方面发展的人才。”案例教学是一种很好的教学方法，案例教学这个方法很好地体现了以学生为中心的教育目标、教育理念，使得课堂的中心变成学生，组织好课堂，怎样引导学生去学习成为教师的工作。最重要的就是老师要根据实际情况，了解学生，为学生选择合适的教学方案，整理并且在课堂上播放一些优秀的教学案例，在教师对这案例进行理论知识讲解时，对案例中发生的事情以及一些情况作简单的介绍，并且根据事件带着学生进行深入的研讨，学生一定要配合教师完成教学任务，认真学习深入了解并且分析案例教材，学会查找文献资料，对研究的问题尽快发表自己的见解，再进行深入的分析。第二要进行案例的解析，使得学生自行思考，表达自己对案件的看法，最好再组织学生分成小组进行辩论，促使自己的观点让别人去了解。教师的职责就是在学生的讨论过程中去进行适当的指引，一定要使学生自己成为辩论研讨的主角，努力让所有的学生都能尽情表达，让他们能够各抒己见。但是如果学生们的讨论方向逐渐偏离时，老师们要适当地给学生指引，使得他们能够一直紧扣案例的中心来讨论，在对案例的讨论中发生分歧时，老师应该引导学生全面地看待问题，充分发挥辩证思想，每当学生们有不同的意见时，应该让学生学会辩证地看待问题，也让学生学会怎样全面地思考，同时还要接纳别人的批评，在此基础上完善自己的观点。在充分地进行讨论之后，一定要对案例进行深刻的分析，案例教学主要的部分就是进行案例分析，也就是让学生来对这个案例进行整体的分析、评论，最终围绕着学生来开展。在学生们进行案例分析的时候，教师们只需要在学生们遇到一些难点自己分析不出来的时候，才有必要对他们进行适当的引导。在教师适当地引导下，使得学生养成独立思考的习惯，通过分析和评价这种案例，可以使学生们懂得学会怎样去分析现实生活中的这种问题。

（二）以丰富的教学案例提高学生的学习兴趣

在学生上课时，使用教学案例的方法可以使学生对于学习的兴趣大大提高，案例教学是利用学生身边所发生的或者是经常耳闻的实际事件来进行教学，这种教学方法融入了真实的生活环境，既教会学生理论知识，又让学生融入了现实，大大提高了课堂教学的生动性，活泼性，使得学生们对于学习增加了极大的兴趣与享受，也加强了学生对于课文内容的理解与记忆，使得学生养成一个很好的良性循环。

（三）布置任务，创造场景，调动学生学习积极性

模仿案例教学中的相对应场景，这样做能够帮助学生更好地融入课堂，使得学生能够换位思考，从实际发生的角度来思考问题。让学生自己来体验案例中的真实角色，把自己融入场景当中去，根据案例的实际情境和自己内心真实的想法，设身处地地来考虑前后思路。这种教学注重了学生的实践过程而不是单纯的理论过程，这种方法最主要的还是注重学生，以学生为本，进而使学生的上课积极性和思维能力都有了一个显著的提升。在案例教学的课堂上，学生被老师规定到指定的情景里去，使得自己成为主要人物，经过自己独自思考或者群体合作交流来实现对这个问题的分析和解答，这种方法开拓了学生的思维，使得学生的思路得到打开，锻炼学生运用理论知识来解决实际问题的能力。

（四）分组讨论，主动参与，提高学生基本技能

正确答案不仅仅是分析完案例之后的结果，最重要的是要寻找当时分析案例的过程和自己的思维路线，每一个案例上面所被设置的问题都要让学生自己思考、分析和解答。这种教学方法能不能成功就要看学生能不能真正地使得自身融入进来，能不能真正地融入，也要看学生是不是对案例有一个真正的思考过程。想要深入地融入案例，需要学生们课前多多预习案例内容，查阅资料，对案例有一个清晰的认识。有时候甚至给学生有一处比较难的题目让学生们自己去想，去思考。案例教学中也可以把其中必要的条件给去掉，让学生们来进行情景假设。只要学生们能够在过程中解答的有自己的道理，思考能力就能得到锻炼。案例教学让学生们养成一套属于自己的了解、分析、探讨和解决的方法，培养了学生们思考问题和分析问题、解决问题的能力。①

---

① 谢利英．高职机电类专业实践教学体系构建研究［M］．长春：吉林人民出版社，2017.

第四章　机电一体化智能实践教学

第一节　机电一体化概述

一、机电一体化概念的产生

20世纪80年代初，世界制造业进入一个发展停滞、缺乏活力的萧条期，几乎被人们视作夕阳产业。20世纪90年代，微电子技术在该领域的广泛应用，为制造业注入了生机。机电一体化产业以其特有的技术带动性、融入性和广泛适用性，逐渐成为高新技术产业中的主导产业，成为21世纪经济发展的重要支柱之一。

机电一体化的概念最权威的说法应是1992年6月出版的《中国大百科全书·电工卷》的解释：是微电子技术向机械工业渗透过程中逐渐形成的一种综合技术，是一门集机械技术、电子技术、信息技术、计算机及软件技术、自动控制技术以及其他技术互相融合而成的多学科交叉的综合技术。以这种技术为手段开发的产品，既不同于传统的机械产品，也不同于普通的电子产品，而是一种新型的机械电子器件，称为机电一体化产品。

随着微电子技术、传感器技术、精密机械技术、自动控制技术以及微型计算机技术、人工智能技术等新技术的发展，以机械为主体的工业产品和民用产品，不断采用诸学科的新技术，在机械化的基础上，正向自动化和智能化方向发展，以机械技术、微电子技术有机结合为主体的机电一体化技术是机械工业发展的必然趋势。

“机电一体化技术与系统”具有“技术”与“系统”两方面的内容。机电一体化技术主要是指其技术原理和使机电一体化系统（或产品）得以实现、使用和发展的技术。机电一体化系统主要是指机械系统和微电子系统有机结合，从而赋予新的功能和性能的新一代产品。机电一体化的共性包括检测传感技术、信息处理技术、计算机技术、电力电子技术、自动控制技术、伺服传动技术、精密机械技术以及系统总体技术等。各组成部分（即要素）的性能越好，功能越强，并且各组成部分之间配合越协调，产品的性能和功能就越好。这就要求将上述多种技术有机地结合起来，也就是人们所说的融合。只有实现多种技术的有机结合，才能实现整体最佳，这样的产品才能称得上是机电一体化产品。如果仅用微型计算机简单取代原来的控制器，则不能称为机电一体化产品。

机电一体化技术是一个不断发展的过程，是一个从自发状况向自为方向发展的过程。早在“机电一体化”这一概念出现之前，世界各国从事机械总体设计、控制功能设计和生产加工的科技工作者，已为机械与电子的有机结合做了许多工作，如电子工业领域通信电台的自动调谐系统、计算机外围设备和雷达伺服系统。目前人们已经开始认识到机电一体化并不是机械技术、微电子技术以及其他新技术的简单组合、拼凑，而是它们的有机地相互

结合或融合，是有其客观规律的。简言之，机电一体化这一新兴交叉学科有其技术基础、设计理论和研究方法，只有对其有了充分理解，才能正确地进行机电一体化工作。

随着以IC、LSI、VLSI等为代表的微电子技术的惊人发展，计算机本身也发生了根本变革。以微型计算机为代表的微电子技术逐步向机械领域渗透，并与机械技术有机地结合，为机械增添了“头脑”，增加了新的功能和性能，从而进入以机电有机结合为特征的机电一体化时代。曾以机械为主的产品，如机床、汽车、缝纫机、打字机等，由于应用了微型计算机等微电子技术，使它们都提高了性能并增添了“头脑”。这种将微型计算机等微电子技术用于机械并给机械以智能的技术革新潮流可称为“机电一体化技术革命”。这一革命使得机械闹钟、机械照相机及胶卷等产品遭到淘汰。又如，以往的化油器车辆，其发动机供油是靠活塞下行后形成的真空吸力来完成的，并且节气门开度越大，进气支管的压力越大，发动机转速越高，化油器供油量也就越多。而现在的电子燃油喷射车辆，则已将上述机械动作转变为传感器的信号（如节气门开度用节气门位置传感器来测量，进气支管压力用绝对压力传感器来测量），当这些信号送到发动机控制计算机后，经过计算机的分析、比较和处理，能够计算出精确的喷油脉宽，控制喷油嘴开启时间的长短，从而控制喷油量的多少。将以往的机械供油转为电控，这样不仅有效地发挥了燃油的经济性和动力性，又使尾气排放降到了最低，这就是机电一体化一由传感器来测量机械的动作，并转变为电信号送至计算机，再由计算机做出决策，控制某些执行元件动作。

机电一体化的目的是使系统（产品）功能增强、效率提高、可靠性增强，节省材料和能源，并使产品结构向轻、薄、短、小巧化方向发展，不断满足人们生活的多样化需求和生产的省时省力、自动化需求。因此，机电一体化的研究方法应该是改变过去那种拼拼凑凑的“混合”式设计法，从系统的角度出发，采用现代设计分析方法，充分发挥边缘学科技术的优势。

由于机电一体化技术对现代工业和技术的发展具有巨大的推动力，因此世界各国均将其作为工业技术发展的重要战略之一。从20世纪70年代起，在发达国家兴起了机电一体化热潮。20世纪90年代，中国也把机电一体化技术列为重点发展的十大高新技术产业之一。

机电一体化技术在制造业的应用从一般的数控机床、加工中心和机械手发展到智能机器人、柔性制造系统（FMS）、无人生产车间和将设计、制造、销售、管理集于一体的计算机集成制造系统（CIMS）。机电一体化产品涉及工业生产、科学研究、人民生活、医疗卫生等各个领域，如集成电路自动生产线、激光切割设备、印刷设备、家用电器、汽车电子化、电梯、微型机械、飞机、雷达、医学仪器、环境监测等。

机电一体化技术是其他高新技术发展的基础，机电一体化的发展依赖于其他相关技术的发展。可以预料，随着信息技术、材料技术、生物技术等新兴学科的高速发展，在数控机床、机器人、微型机械、航空航天装备、海洋工程装备及高技术船舶、先进轨道交通装备、节能与新能源汽车、电力装备、农机装备家用智能设备、医疗设备、现代制造系统等产品及领域，机电一体化技术将得到更加蓬勃的发展。

二、机电一体化系统的组成

传统的机械产品一般由动力源、传动机构和工作机构等组成。机电一体化系统是在传统机械产品的基础上发展起来的，是机械与电子、信息技术结合的产物，它除了包含传统机械产品的组成部分以外，还含有与电子技术和信息技术相关的组成要素。一个典型的机电一体化系统应包含以下几个基本要素：机械本体、动力与驱动单元、执行机构单元、传感与检测单元、控制及信息处理单元、系统接口等部分。这些部分可以归纳为：结构组成要素、动力组成要素、运动组成要素、感知组成要素、智能组成要素；这些组成要素内部及其之间，形成通过接口耦合来实现运动传递、信息控制、能量转换等有机融合的一个完整系统。

（一）机械本体

所有的机电一体化系统都含有机械部分，它是机电一体化系统的基础，起着支撑系统中其他功能单元、传递运动和动力的作用。机电一体化系统的机械本体包括机械传动装置和机械结构装置，机械子系统的主要功能是使构造系统的各子系统、零部件按照一定的空间和时间关系安置在一定的位置上，并保持特定的关系。为了充分发挥机电一体化的优点，必须使机械本体部分具有高精度、轻量化和高可靠性。过去的机械均以钢铁为基础材料，要实现机械本体的高性能，除了采用钢铁材料以外，还必须采用复合材料或非金属材料。因此，要求机械传动装置有高刚度、低惯量、较高的谐振频率和适当的阻尼性能，并对机械系统的结构形式、制造材料、零件形状等方面提出相应的要求。机械结构是机电一体化系统的机体，各组成要素均以机体为骨架进行合理布局，有机结合成一个整体，这不仅是系统内部结构的设计问题，也包括外部造型的设计问题。这就要求机电一体化系统整体布局合理，技术性能得到提高，功能得到增强，使用、操作方便，造型美观，色调协调，具有高效、多功能、可靠和节能、小型、轻量、美观的特点。

（二）动力与驱动单元

动力单元是机电一体化产品能量供应部分，其作用是按照系统控制要求，为系统提供能量和动力，使系统正常运行。提供能量的方式包括电能、气能和液压能，其中电能为主要供能方式。除了要求可靠性好以外，机电一体化产品还要求动力源的效率高，即用尽可能小的动力输入获得尽可能大的功能输出，这是机电一体化产品的显著特征之一。驱动单元是在控制信息的作用下，驱动各执行机构完成各种动作和功能的。

（三）传感与检测单元

传感与检测单元的功能就是对系统运行中所需要的本身和外界环境的各种参数及状态物理量进行检测，生成相应的可识别信号，并传输到信息处理单元，经过分析、处理后产生相应的控制信息。这一功能一般由专门的传感器及转换电路完成，主要包括各种传感器及其信号检测电路，其作用就是监测机电一体化系统工作过程中本身和外界环境有关参量的变化，并将信息传递给电子控制单元，电子控制单元根据检测到的信息向执行器发出相应的控制指令。机电一体化系统的要求：传感器精度、灵敏度、响应速度和信噪比高；漂移小，稳定性高；可靠性好；不易受被测对象特征（如电阻、磁导率等）的影响；对抗恶劣环境条件（如油污、高温、泥浆等）的能力强；体积小，重量轻，对整机的适应性好；不受高频干扰和强磁场等外部环境的影响；操作性能好，现场维修处理简单；价格低廉。

（四）执行机构单元

执行机构单元的功能就是根据控制信息和指令驱动机械部件运动从而完成要求动作。执行机构是运动部件，它将输入的各种形式的能量转换为机械能。常用的执行机构可分为两类：一是电气式执行部件，按运动方式的不同又可分为旋转运动元件和直线运动元件，其中旋转运动元件主要指各种电动机；直线运动元件有电磁铁、压电驱动器等。二是气压和液压式执行部件，主要包括液压缸和液压马达等执行元件。根据机电一体化系统的匹配性要求，执行机构需要考虑改善系统的动、静态性能，一方面要求执行器效率高、响应速度快，另一方面要求对水、油、温度、尘埃等外部环境的适应性好，可靠性高。例如提高刚性、减小重量和保持适当的阻尼，应尽量考虑组件化、标准化和系列化，以提高系统的整体可靠性等。由于电工电子技术的高度发展，高性能步进驱动、直流和交流伺服驱动电机已大量应用于机电一体化系统。

（五）控制及信息处理单元

控制及信息处理单元是机电一体化系统的核心部分。其功能就是完成来自各传感器的检测信息的数据采集和外部输入命令的集中、储存、计算、分析、判断、加工、决策。根据信息处理结果，按照一定的程序和节奏发出相应的控制信息或指令，通过输出接口送往执行机构，控制整个系统有目的地运行，并达到预期的信息控制目的。对于智能化程度高的系统，还包含了知识获取、推理及知识自学习等以知识驱动为主的信息控制。控制及信息单元由硬件和软件组成，系统硬件一般由计算机、可编程逻辑控制器（PLC）、数控装置以及逻辑电路、A/D与D/A转换、I/O（输入/输出）接口和计算机外部设备等组成；系统软件为固化在计算机存储器内的信息处理和控制程序，该程序根据系统正常工作的要求而编写。机电一体化系统对控制和信息处理单元的基本要求是提高信息处理速度和可靠性，增强抗干扰能力以及完善系统自动诊断功能，实现信息处理智能化和小型、轻量、标准化等。

以上五单元通常称为机电一体化的五大组成要素。在机电一体化系统中这些单元和它们内部各环节之间都遵循接口耦合、运动传递、信息控制、能量转换的原则。机电一体化产品的五个基本组成要素之间并非彼此无关或简单拼凑、叠加在一起，工作中它们各司其职，互相补充、互相协调，共同完成规定的功能，即在机械本体的支持下，由传感器检测产品的运行状态及环境变化，将信息反馈给电子控制单元，电子控制单元对各种信息进行处理，并按要求控制执行器的运动，执行器的能源则由动力部分提供。在结构上，各组成要素通过各种接口及相关软件有机地结合在一起，构成一个内部合理匹配、外部效能最佳的完整产品。

例如，日常使用的全自动照相机就是典型的机电一体化产品，其内部装有测光测距传感器，所测信号由微处理器进行处理，再根据信息处理结果控制微型电动机，并由微型电动机驱动快门、变焦及卷片倒片机构。这样，从测光、测距、调光、调焦、曝光到卷片、倒片、闪光及其他附件的控制都实现了自动化。

又如，汽车上广泛应用的发动机燃油喷射控制系统也是典型的机电一体化系统。分布在发动机上的空气流量计、水温传感器、节气门位置传感器、曲轴位置传感器、进气歧管绝对压力传感器、爆燃传感器、氧传感器等连续不断地检测发动机的工作状况和燃油在燃烧室的燃烧情况，并将信号传给电子控制装置ECU。ECU首先根据进气歧管绝对压力传感器或空气流量计的进气量信号及发动机转速信号，计算基本喷油时间，然后再根据发动机的水温、节气门开度等工作参数信号对其进行修正，确定当前工况下的最佳喷油持续时间，从而控制发动机的空燃比。此外，根据发动机的要求，ECU还具有控制发动机的点火时间、怠速转速、废气再循环率、故障自诊断等功能。

三、机电一体化系统的相关技术

机电一体化系统是多学科领域技术的综合交叉应用，是技术密集型的系统工程，其主要包括机械技术、传感检测技术、计算机与信息处理技术、自动控制技术、伺服驱动技术和系统总体技术等。现代机电一体化产品甚至还包含了光、声、磁、液压、化学、生物等技术的应用。

（一）机械技术

机械技术是机电一体化的基础。随着高新技术引入机械行业，机械技术面临着挑战和变革。在机电一体化产品中，机械技术（机械设计与机造技术）不再是单一地完成系统间的连接，而是要优化设计系统的结构、重量、体积、刚性和寿命等参数对机电一体化系统的综合影响。机械技术的着眼点在于如何与机电一体化技术相适应，利用其他高新技术来更新概念，实现结构上、材料上、性能上以及功能上的变更，以满足减少重量、缩小体积、提高精度、提高刚度、改善性能和增加功能的要求。

在机电一体化系统制造过程中，经典的机械理论与工艺应借助于计算机辅助技术，同时采用人工智能与专家系统等形成新一代机械制造技术，而原有的机械技术则以知识和技能的形式存在。

（二）传感检测技术

传感与检测装置是系统的感受器官，它与信息系统的输入端相连并将检测到的信息输送到信息处理部分。传感与检测是实现自动控制、自动调节的关键环节，它的功能越强，系统的自动化程度就越高。传感与检测的关键元件是传感器。传感器是将被测量（包括各种物理量、化学量和生物量等）变换成系统可识别的、与被测量有确定对应关系的有用电信号的一种装置。

现代工程技术要求传感器能快速、精确地获取信息，并能经受各种环境的影响。与计算机技术相比，传感器的发展显得迟缓，难以满足机电一体化技术发展的要求。不少机电一体化装置不能达到满意的效果或无法实现预期的设计，关键原因在于没有较好的传感器。传感检测技术研究的内容包括两方面：一是研究如何将各种被测量（物理量、化学量、生物量等）转换为与之成正比的电量；二是研究如何对转换后的电信号进行加工处理，如放大、补偿、标定、变换等。大力开展传感器的研究对于机电一体化技术的发展具有十分重要的意义。

（三）计算机与信息处理技术

信息处理技术包括信息的交换、存取、运算、判断和决策，实现信息处理的工具是计算机。这里，计算机相当于人类的大脑，指挥整个系统的运行。计算机技术包括计算机的软件技术和硬件技术，网络与通信技术，数据技术等。在机电一体化系统中，主要采用工业控制机（包括可编程序控制器、单片机、总线式工业控制机）等微处理器进行信息处理，可方便高效地实现信息交换、存取、运算、判断和决策。

在机电一体化系统中，计算机信息处理部分指挥整个系统的运行。信息处理是否正确、及时，直接影响到系统工作的质量和效率。计算机与信息处理技术已成为促进机电一体化技术发展和变革的最活跃的因素。

（四）自动控制技术

自动控制技术范围很广，机电一体化技术在基本控制理论指导下，对具体控制装置或控制系统进行设计，并对设计后的系统进行仿真和现场调试，最后使研制的系统可靠地投入运行。由于控制对象种类繁多，所以控制技术的内容极其丰富，有开环控制、闭环控制、传递函数、时域分析、频域分析、校正等基本内容，还有高精度位置控制、速度控制、自适应控制、自诊断、校正、补偿、再现、检索等，以满足机电一体化系统控制的稳、准、快要求。由于控制对象种类繁多，因而控制技术的内容极其丰富，例如定值控制、随动控制、自适应控制、预测控制、模糊控制、学习控制等。

随着微型机的广泛应用，自动控制技术越来越多地与计算机控制技术联系在一起，成为机电一体化中十分重要的关键技术，以解决现代控制理论的工程化与实用化以及优化控

制模型的建立等问题。

（五）伺服驱动技术

“伺服”（Serve）即“伺候服侍”的意思。伺服驱动技术就是在控制指令的指挥下，控制驱动元件，使机械运动部件按照指令要求进行运动，并保持良好的动态性能。伺服驱动技术包括电动、气动、液压等各种类型的驱动装置，由微型计算机通过接口与传动装置相连接，

控制它们的运动，带动工作机械作回转、直线以及其他各种复杂的运动。伺服驱动技术是直接执行操作的技术，伺服系统是实现电信号到机械动作的转换装置或部件，对系统的动态性能、控制质量和功能具有决定性影响。常见的伺服驱动有电液马达、脉冲油缸、步进电机、直流伺服电机和交流伺服电机等。由于变频技术的发展，交流伺服驱动技术取得突破性进展，为机电一体化系统提供了高质量的伺服驱动单元，极大地促进了机电一体化技术的发展。

（六）系统总体技术

系统总体技术是一种从整体目标出发，用系统的观点立于全局角度，将总体分解成相互有机联系的若干单元，并找出能完成各个功能的技术方案，再把功能和技术方案组成方案组进行分析、评价和优选的综合应用技术。系统总体技术解决的是系统的性能优化问题和组成要素之间的有机联系问题，即使各个组成要素的性能和可靠性很好，但如果整个系统不能很好地协调，那么系统也很难正常运行。

接口技术是系统总体技术的关键环节，主要包括电气接口、机械接口和人机接口。其中，电气接口实现系统间的信号联系；机械接口完成机械与机械部件、机械与电气装置的连接；人机接口则提供人与系统间的交互界面。

此外，机电一体化系统还与通信技术、软件技术、可靠性技术、抗干扰技术等密切相关。

四、机电一体化技术与其他相关技术的区别

机电一体化技术有着自身的显著特点和技术范畴，为了正确理解和运用机电一体化技术，必须认识机电一体化技术与其他技术之间的区别。

（一）机电一体化技术与传统机电技术的区别

传统机电技术的操作控制主要是通过具有电磁特性的各种器件来实现的，如继电器、接触器等，在设计中不考虑或很少考虑它们彼此间的内在联系。机械本体和电气驱动界限分明，整个装置是刚性的，不涉及软件和计算机控制。机电一体化技术以计算机为控制中心，在设计过程中强调机械部件和电器部件间的相互作用和影响，整个装置在计算机控制下具有一定的智能性。机电一体化的本质特性仍然是一个机械系统，其最主要的功能仍然是进行机械能和其他形式能量的转换，利用机械能实现物料搬移或形态变化以及实现信息传递和变换。机电一体化系统与传统机械系统的不同之处是充分利用计算机技术、传感检测技术和可控驱动元件特性，实现机械系统的现代化、自动化、智能化。

（二）机电一体化技术与并行工程的区别

机电一体化技术在设计和制造阶段就将机械技术、微电子技术、计算机技术、控制技术和传感检测技术有机地结合在一起，十分注意机械和其他部件之间的相互作用。而并行工程各种技术的应用相对独立，只在不同技术内部进行设计制造，最后通过简单叠加完成整体装置。

（三）机电一体化技术与自动控制技术的区别

自动控制技术的侧重点是讨论控制原理、控制规律、分析方法和自动系统的构造等。机电一体化技术将自动控制原理及方法作为重要支撑技术，将自控部件作为重要控制部件，应用自控原理和方法，对机电一体化装置进行系统分析和性能测算。机电一体化技术侧重于用微电子技术改变传统的控制方法与方案，采用更适合于被控对象的新方法进行优化设计，而不仅仅是把传统控制改变成计算机控制，它提出的新方法、新方案往往具有“革命性”和创新性。例如，从异步电动机控制机床进给到用计算机控制伺服电机控制机床进给，从机床主轴的反转制动到现代数控机床的主轴准停和主轴进给，从机床内链环的螺纹加工到具有编码器的自动控制与检测的螺纹加工，从汽车工业发动机化油器供油到电子燃油喷射，从纺织工业的有梭织机到喷气、喷水式无梭织机，从纹板笼头控制提花方式到电子计算机提花方式的转变等。

（四）机电一体化技术与计算机应用技术的区别

机电一体化技术只是将计算机作为核心部件应用，目的是提高和改善机电一体化系统的性能。计算机在机电一体化系统中的应用仅仅是计算机应用技术中的一部分，它还可以在办公、管理及图像处理等方面得到广泛应用。机电一体化技术研究的是机

电一体化系统，而不是计算机应用本身。

五、机电一体化技术的特点

机电一体化技术体现在产品、设计、制造以及生产经营管理等方面的特点如下。

（一）简化机械结构，操作方便，提高精度

在机电一体化产品中，通常采用伺服电机来驱动机械系统，从而缩短甚至取消了机械传动链，这不但简化了机械结构，还减少了由于机械摩擦、磨损、间隙等引起的动态误差。有时也可以用闭环控制来补偿机械系统的误差，以提高系统的精度，实现最佳操作。

（二）易于实现多功能和柔性自动化

在机电一体化产品中，计算机控制系统，不但取代其他的信息处理和控制装置，而且易于实现自动检测、数据处理、自动调节和控制、自动诊断和保护，还可以自动显示、记录和打印等。此外，计算机硬件和软件结合能实现柔性自动化，并具有较大的灵活性。

（三）产品开发周期缩短、竞争能力增强

机电一体化产品可以采用专业化生产的、高质量的机电部件，通过综合集成技术来设计和制造，因而不但产品的可靠性高，甚至在使用期限内无需修理，从而缩短了产品开发周期，增强了产品在市场上的竞争能力。

（四）生产方式向高柔性、综合自动化方向发展

各种机电一体化设备构成的FMS和CIMS，使加工、检测、物流和信息流过程融为一体，形成人少或无人化生产线、车间和工厂。近20年，日本有些大公司已采用了所谓“灵活的生产体系”，即根据市场需要，在同一生产线上可分时生产批量小、型号或品种多的“系列产品家族”，如计算机、汽车、摩托车、肥皂和化妆品等系列产品。

（五）促进经营管理体制发生根本性的变化

由于市场的导向作用，产品的商业寿命日益缩短。为了占领国内、外市场和增强竞争能力，企业必须重视用户信息的收集和分析，迅速作出决策，迫使企业从传统的生产型向以经营为中心的决策管理体系转变，实现生产、经营和管理体系的全面计算机化。

第二节　机电一体化设计教学

在机电一体化系统（或产品）的设计过程中，要坚持机电一体化技术的系统思维方法，从系统整体的角度出发分析和研究各个组成要素间的有机联系，确定系统各环节的设计方法，并用自动控制理论的相关手段，采用微电子技术控制方式，进行系统

的静态特性和动态特性分析，实现机电一体化系统的优化设计。

一、机电一体化产品的分类

机电一体化产品所包括的范围极为广泛，几乎渗透到人们日常生活与工作的每一个角落，其主要产品如下：

（1）大型成套设备：大型火力、水力发电设备，大型核电站，大型冶金轧钢设备，大型煤化、石化设备，制造大规模及超大规模集成电路设备等。

（2）数控机床：数控机床、加工中心、柔性制造系统（FMS）、柔性制造单元（FMC）、计算机集成制造系统（CIMS）等。

（3）仪器仪表电子化：工艺过程自动检测与控制系统、大型精密科学仪器和试验设备、智能化仪器仪表等。

（4）自动化管理系统。

（5）电子化量具量仪。

（6）工业机器人、智能机器人。

（7）电子化家用电器。

（8）电子医疗器械：病人电子监护仪、生理记录仪、超声成像仪、康复医疗仪器、数字X射线诊断仪、CT成像设备等。

（9）微电脑控制加热炉：工业锅炉、工业窑炉、电炉等。

（10）电子化控制汽车及内燃机。

（11）微电脑控制印刷机械。

（12）微电脑控制食品机械及包装机械。

（13）微电脑控制办公机械：复印机、传真机、打印机、绘图仪等。

（14）电子式照相机。

（15）微电脑控制农业机械。

（16）微电脑控制塑料加工机械。

（17）计算机辅助设计、制造、集成制造系统。

对于如此广泛的机电一体化产品可按用途和功能进行分类。其中，按用途可分为三类：第一类是生产机械，即以数控机床、工业机器人和柔性制造系统（FMS）为代表的机电一体化产品；第二类是办公设备，主要包括传真机、打印机、电脑打字机、计算机绘图仪、自动售货机、自动取款机等办公自动化设备；第三类是家电产品，主要有电冰箱、摄像机、全自动洗衣机、电子照相机产品等。

二、机电一体化系统（产品）设计的类型

对于机电一体化系统（产品）设计的类型，可依据该系统与相关产品比较的新颖程度和技术独创性分为开发性设计、适应性设计和变参数设计。

（一）开发性设计

所谓开发性设计，就是在没有参考样板的情况下，通过抽象思维和理论分析，依据产品性能和质量要求设计出系统原理和制造工艺。开发性设计属于产品发明专利范畴。最初的电视机和录像机等都属于开发性设计。

（二）适应性设计

所谓适应性设计，就是在参考同类产品的基础上，在主要原理和设计方案保持不变的情况下，通过技术更新和局部结构调整使产品的性能、质量提高或成本降低的产品开发方式。这一类设计属于实用新型专利范畴，如用电脑控制的洗衣机代替机械控制的半自动洗衣机，用照相机的自动曝光代替手动调整等。

（三）变参数设计

所谓变参数设计，就是在设计方案和结构原理不变的情况下，仅改变部分结构尺寸和性能参数，使其适用范围发生变化。例如，同一种产品的不同规格型号的相同设计。

三、机电一体化系统（产品）设计方案的常用方法

在进行机电一体化系统（产品）设计之前，要依据该系统的通用性、可靠性、经济性和防伪性等要求合理地确定系统的设计方案。拟定设计方案的方法通常有取代法、整体设计法和组合法。

（一）取代法

所谓取代法，就是指用电气控制取代原系统中的机械控制机构。该方法是改造旧产品、开发新产品或对原系统进行技术改造的常用方法，也是改造传统机械产品的常用方法。如用伺服调速控制系统取代机械式变速机构，用可编程序控制器取代机械凸轮控制机构及中间继电器，等等。这不但大大简化了机械结构和电气控制，而且提高了系统的性能和质量。

（二）整体设计法

整体设计法主要用于新系统（或产品）的开发设计。在设计时完全从系统的整体目标出发，考虑各子系统的设计。由于设计过程始终围绕着系统整体性能要求，各环节的设计都兼顾了相关环节的设计特点和要求，因此使系统各环节间接口有机融合、衔接方便，且大大提高了系统的性能指标和制约了仿冒产品的生产。该方法的缺点是设计和生产过程的难度较大，周期较长，成本较高，维修和维护难度较大。例如，机床的主轴和电机转子合为一体；直线式伺服电机的定子绕组埋藏在机床导轨之中；带减速装置的电动机和带测速的伺服电机等。

（三）组合法

组合法就是选用各种标准功能模块组合设计成机电一体化系统。例如，设计一台

数控机床，可以依据机床的性能要求，通过对不同厂家的计算机控制单元，伺服驱动单元，位移和速度测试单元，以及主轴、导轨、刀架、传动系统等产品的评估分析，研究各单元间接口关系和各单元对整机性能的影响，通过优化设计确定机床的结构组成。用此方法开发的机电一体化系统（产品）具有设计研制周期短、质量可靠、生产成本低、有利于生产管理和系统的使用维护等优点。

四、机电一体化系统设计过程

所谓系统设计，就是用系统思维综合运用各有关学科的知识、技术和经验，在系统分析的基础上，通过总体研究和详细设计等环节，落实到具体的项目上，以实现满足设计目标的产品研发过程。系统设计的基本原则是使设计工作获得最优化效果，在保证目的功能要求与适当使用寿命的前提下不断降低成本。

系统设计的过程就是“目标一功能一结构一效果”的多次分析与综合的过程。其中，综合可理解为各种解决问题要素拼合的模型化过程，这是一种高度的创造行为。而分析则是综合的反行为，也是提高综合水平的必要手段。分析就是分解与剖析，对综合后的解决方案质疑、论证和改革。通过分析，排除不合适的方案或方案中不合适的部分，为改善、提高和评价做准备。综合与分析是相互作用的。当一种基本设想（方案）产生后，接着就要分析它，找出改进方向。这个过程一直持续进行，直到一个方案继续进行或被否定为止。

（一）机电一体化系统的设计流程

机电一体化系统设计的流程可概括如下：

（1）确定系统的功能指标

机电一体化系统的功能是改变物质、信号或能量的形式、状态、位置或特征，归根结底应实现一定的运动并提供必要的动力。其实现运动的自由度数、轨迹、行程、精度、速度、稳定性等性能指标，通常要根据工作对象的性质，特别是根据系统所能实现的功能指标来确定。对于用户提出的功能要求系统一定要满足，反过来对于产品的多余功能或过剩功能则应设法剔除。即首先进行功能分析，明确产品应具有的工作能力，然后提出产品的功能指标。

（2）总体设计

机电一体化系统总体设计的核心是构思整机原理方案，即从系统的观点出发把控制器、驱动器、传感器、执行器融合在一起通盘考虑，各器件都采用最能发挥其特长的物理效应实现，并通过信息处理技术把信号流、物质流、能量流与各器件有机地结合起来，实现硬件组合的最佳形式一最佳原理方案。

（3）总体方案的评价、决策

通过总体设计的方案构思与要素的结构设计，常可以得出不同的原理方案与结构方案，因此，必须对这些方案进行整体评价，择优采用。

（4）系统要素设计及选型

对于完成特定功能的系统，其机械主体、执行器等一般都要自行设计，而对驱动器、检测传感器、控制器等要素，既可选用通用设备，也可设计成专用器件。另外，接口设计问题也是机械技术和电子技术的具体应用问题。通常，驱动器与执行器之间、传感器与执行器之间的传动接口都是机械传动机构，即机械接口；控制器与驱动器之间的驱动接口则是电子传输和转换电路，即电子接口。

（5）可靠性、安全性复查

机电一体化产品既可能产生机械故障，又可能产生电子故障，而且容易受到电噪声的干扰，因此其可靠性和安全性问题尤为突出，这也是用户最关心的问题之一。因此，不仅在产品设计的过程中要充分考虑必要的可靠性设计与措施，在产品初步设计完成后，还应进行可靠性与安全性的检查和分析，对发现的问题采取及时有效的改进措施。

（二）机电一体化系统设计的途径

机电一体化系统设计的主要任务是创造出在技术上、艺术上具有高技术经济指标与使用性能的新型机电一体化产品。设计质量和完成设计的时间在很大程度上取决于设计组织工作的合理完善，同时也取决于设计手段的合理化及自动化程度。因此，加快机电一体化系统设计的途径主要从以下两个方面来考虑。

（1）针对具体的机电一体化产品设计任务，安排既有该产品专业知识又有机电一体化系统设计能力的设计人员担任总体负责。每个设计人员除了具备机电一体化系统设计的一般能力之外，应在一定的方向上提高、积累经验，成为某个方面设计工作的专业化人员。这种专业化对于提高机电一体化产品的设计水平和加快设计速度都是十分有益的。

熟练地采用各种标准化和规范化的组件、器件和零件对于提高设计质量和设计工作效率有很大的意义。机电一体化系统的产品虽然是各种高技术综合的结果，但无论是机械工程还是电子工程中都有很多标准化和规范化的组件、器件或零件，能否合理地大量采用这些标准运用器件，是衡量机电一体化系统设计人员设计能力的一个重要标志。

设计人员和工艺人员在设计工作的各个阶段都应保持经常性的工作接触，这对缩短设计时间、提高设计质量能起到较大的帮助作用。

（2）选择哪一种手段实现设计的合理化，主要取决于主设计的规模和特点，同时也受设计部门本身的设计手段限制。

随着工业技术的高度发展和人民生活水平的提高，人们迫切要求大幅度提高机电一体化系统设计工作的质量和速度，因此在机电一体化系统设计中推广和运用现代设计方法，提高设计水平，是机电一体化系统设计发展的必然趋势。现代设计方法与用经验公式、图表和手册为设计依据的传统方法不同，它以计算机为手段，其设计步骤通常是：设计预测→信号分析→科学类比→系统分析设计→创造设计→选择各种具体的现代设计方法（如相似设计法、模拟设计法、有限元法、可靠性设计法、动态分析法、优化设计法、模糊设计法等）→机电一体化系统设计质量的综合评价。

（三）机电一体化系统设计的过程

机电一体化系统是从简单的机械产品发展而来的，其设计方法、程序与传统的机械产品类似，一般要经过市场调研、总体方案设计、详细设计、样机试制与试验、小批量生产和大批量生产（正常生产）几个阶段。

1. 市场调研

在设计机电一体化系统之前，必须进行详细的市场调研。市场调研包括市场调查和市场预测。所谓市场调查，就是运用科学的方法，系统地、全面地收集所设计产品市场需求和经销方面的情况和资料，分析研究产品在供需双方之间进行转移的状况和趋势；而市场预测就是在市场调查的基础上，运用科学方法和手段，根据历史资料和现状，通过定性的经验分析或定量的科学计算，对市场未来的不确定因素和条件做出预计、测算和判断，为产品的方案设计提供依据。

市场调研的对象主要为产品潜在的用户，调研的主要内容包括市场对同类产品的需求量、该产品潜在的用户、用户对该产品的要求（即该产品有哪些功能，具有什么性能等）和所能承受的价格范围，等等。此外，目前国内外市场上销售的同类产品的情况，如技术特点、功能、性能指标、产销量及价格、在使用过程中存在的问题等也是市场调研需要调查和分析的信息。

市场调研一般采用实地走访调查、类比调查、抽样调查或专家调查法等方法。所谓走访调查，就是直接与潜在的经销商和用户接触，搜集查找与所设计产品有关的经营信息和技术经济信息。类比调查就是调查了解国内外其他单位开发类似产品的过程、速度和背景等情况，并分析比较其与自身环境条件的相似性和不同点，以此推测该种技术和产品开发的可能性和前景。抽样调查就是通过在有限范围调查和搜集的资料、数据来推测总体的方法，在抽样调查时要注意问题的针对性、对象的代表性和推测的局限性。专家调查法就是通过调查表向有关专家征询对该产品的意见。

最后对调研结果进行仔细分析，撰写市场调研报告。市场调研的结果应能为产品的方案设计与细化设计提供可靠的依据。

2. 总体方案设计

（1）产品方案构思。一个好的产品构思，不仅能带来技术上的创新、功能上的突破，还能带来制造过程的简化、使用的方便，以及经济上的高效益。因此，机电一体化产品设计应鼓励创新，充分发挥设计人员的创造能力和聪明才智来构思新的方案。产品方案构思完成后，以方案图的形式将设计方案表达出来。方案图应尽可能简洁地反映出机电一体化系统各组成部分的相互关系，同时应便于后面的修改。

（2）方案的评价。应对多种构思和多种方案进行筛选，选择较好的可行方案进行分析组合和评价，再从中挑选几个方案按照机电一体化系统设计评价原则和评价方法进行深入的综合分析评价，最后确定实施方案。如果找不到满足要求的系统总体方案，则需要对新产品目标和技术规范进行修改，重新确定系统方案。

（3）详细设计。详细设计就是根据综合评价后确定的系统方案，从技术上将其细节全部逐层展开，直至完成产品样机试制所需全部技术图纸及文件的过程。根据系统的组成，机电一体化系统详细设计的内容包括机械本体及工具设计、检测系统设计、人—机接口与机—电接口设计、伺服系统设计、控制系统设计及系统总体设计。根据系统的功能与结构，详细设计又可以分解为硬件系统设计与软件系统设计。除了系统本身的设计以外，在详细设计过程中还需完成后备系统的设计、设计说明书的编写和产品出厂及使用文件的设计等内容。在机电一体化系统设计过程中，详细设计是最繁琐费时的过程，需要反复修改，逐步完善。

（4）样机试制与试验。完成产品的详细设计后，即可进入样机试制与试验阶段。根据制造的成本和性能试验的要求，一般需要制造几台样机供试验使用。样机的试验分为实验室试验和实际工况试验，通过试验考核样机的各种性能指标及其可靠性。如果样机的性能指标和可靠性不满足设计要求，则要修改设计，重新制造样机，重新试验；如果样机的性能指标和可靠性满足设计要求，则进入产品的小批量生产阶段。

（5）小批量生产

产品的小批量生产阶段实际就是产品的试生产试销售阶段。这一阶段的主要任务是跟踪调查产品在市场上的情况，收集用户意见，发现产品在设计和制造方面存在的问题，并反馈给设计、制造和质量控制部门。

（6）大批量生产

经过小批量试生产和试销售的考核，排除产品设计和制造中存在的各种问题后，即可投入大批量生产。①

第三节　机电设备的机械技术

传统的机械系统和机电一体化中机械系统的主要功能都是用来完成一系列相互协调的机械运动。但是二者的组成不同，导致其各自实现运动的方式不同。传统机械系统一般由动力件、传动件和执行件三部分加上电气、液压和机械等控制部分组成。机电一体化系统中的机械系统则是由计算机协调与控制的，用于完成包括机械力、运动、能量流等动力学任务和机电部件信息流相互联系的系统。机电一体化中的机械系统应满足以下三方面的要求：精度高；动作响应快；稳定性好。简而言之，就是要满足“稳、准、快”的要求。此外，还要满足刚度大、惯量小等要求。为了满足以上要求，在设计和制造机电一体化机械系统时常采用精密机械技术。概括地讲，机电一体

① 封士彩，王长全．机电一体化导论［M］．西安：西安电子科技大学出版社，2017.

化中的机械系统一般由以下五部分组成：

传动机构：主要功能是用来完成转速与转矩的匹配，传递能量和运动。传动机构对伺服系统的伺服特性有很大影响。

导向机构：主要起支撑和导向作用。导向机构限制运动部件，使其按照给定的运动要求和方向运动。

执行机构：主要功能是根据操作指令完成预定的动作。执行机构需要具有高的灵敏度、精确度和良好的重复性、可靠性。

轴系：主要作用是传递转矩和回转运动。轴系由轴、轴承等部件组成。

机座或机架：主要作用是支承其他零部件的重量和载荷，同时保证各零部件之间的相对位置。

一、传动机构

（一）传动机构的性能要求

传动机构是一种把动力机产生的运动和动力传递给执行机构的中间装置，是转矩和转速的变换器，其目的是使驱动电动机与负载之间在转矩和转速上得到合理的匹配。在机电一体化系统中，伺服电动机的伺服变速功能在很大程度上代替了传动机构中的变速机构，大大简化了传动链。机电一体化系统中的机械传动装置已成为伺服系统的组成部分，因此，机电一体化机械系统应具有良好的伺服性能，要求机械传动部件转动惯量小、摩擦小、阻尼大小合理、刚度大、抗震性好、间隙小，并满足小型、轻量、高速、低噪声和高可靠性等要求。

为了达到以上要求，机电一体化系统的传动机构主要采取以下措施：

第一，采用低摩擦阻力的传动部件和导向支承部件，如采用滚珠丝杠、滚动导轨、静压导轨等。

第二，减小反向死区误差，如采取措施消除传动间隙、减少支承变形等。

第三，选用最佳传动比，以减少等效到执行元件输出轴上的等效转动惯量，提高系统的加速 能力。

第四，缩短传动链，提高传动与支承刚度，以减小结构的弹性变形，比如用预紧的方法提高滚珠丝杠副和滚动导轨副的传动与支承刚度。

第五，采用适当的阻尼比，系统产生共振时，系统的阻尼越大则振幅越小，并且衰减较快。但是，阻尼过大系统的稳态误差也较大，精度低。所以，在设计传动机构时要合理地选择其阻尼 大小。

另外，随着机电一体化技术的发展，对传动机构提出了一些新的要求，主要有以下三方面：

1. 精密化

虽然不是越精密越好，但是为了适应产品的高定位精度及其他相关要求，对机电一体化系统传动机构的精密度要求越来越高。

2. 高速化

为了提高机电一体化系统的工作效率，传动机构应能满足高速运动的要求。

3. 小型化、轻量化

在精密化和高速化的要求下，机电一体化系统的传动机构必然要向小型化、轻量化的方向发展，以提高其快速响应能力、减小冲击，降低能耗。

（二）丝杠螺母传动

丝杠螺母副是将旋转运动转化为直线运动的机构。丝杠螺母传动按照螺母与丝杠之间的配合方式，可分为滑动丝杠螺母传动和滚动丝杠螺母传动。滑动丝杠螺母传动机构的优点是结构简单、加工方便、成本低、能自锁，缺点是摩擦阻力大、易磨损、传动效率低，低速时易出现爬行。滚动丝杠螺母传动的滚动体为球形时又称为滚珠丝杠副，其优点是摩擦因数小、传动效率高、磨损小、精度保持性好，由于具有以上优点，滚珠丝杠副在机电一体化系统中得到了广泛应用。滚珠丝杠副的缺点是结构复杂、制造成本高，安装调试比较困难，并且不能自锁。本节主要介绍滚珠丝杠副。

1. 滚珠丝杠副的组成和特点

滚珠丝杠副由带螺旋槽的丝杠与螺母及中间传动元件滚珠组成。丝杠转动时，带动滚珠沿螺纹滚道滚动，为防止滚珠从滚道端面掉出，在螺母的螺旋槽两端设有滚珠回程引导装置构成滚珠的循环返回通道，从而形成滚珠流动闭合通路。滚珠丝、杠副与滑动丝杠副相比，具有以下优点：运动平稳，灵敏度高，低速时无爬行现象；

定位精度和重复定位精度高；

使用寿命长，为滑动丝杠的4～10倍；

不自锁，可逆向传动，即螺母为主动，丝杠为被动，旋转运动变为直线运动。

2. 滚珠丝杠副的结构类型

滚珠丝杠副中滚珠的循环方式有两种：内循环和外循环。

内循环方式的滚珠在循环过程中始终与丝杠表面保持接触，使滚珠成若干个单圈循环。这种形式的结构紧凑，刚度好，滚珠流通性好，摩擦损失小，但制造较困难。适用于高灵敏度、高精度的进给系统，不宜用于重载传动系统中。

外循环方式的滚珠在循环过程结束后通过螺母外表面上的螺旋槽或插管返回丝杠螺母间重新进入循环。常见的插管式外循环结构形式，这种形式结构简单，工艺性好，承载能力较大，但径向尺寸较大。外循环方式目前应用最为广泛，可用于重载传动系统中。

3. 滚珠丝杠副轴向间隙的调整与预紧

滚珠丝杠副除了对本身单一方向的传动精度有要求外，对其轴向间隙也有严格要求，以保证其反向传动精度。滚珠丝杠副的轴向间隙是承载时在滚珠与滚道型面接触点的弹性变形所引起的螺母位移量和螺母原有间隙的总和。换向时，轴向间隙会引起空回，影响传动精度。因此通常采用双螺母预紧的方法，把弹性变形控制在最小限度内，以减小或消除轴向间隙，同时可以提高滚珠丝杠副的刚度。

（三）齿轮传动

齿轮传动部件是转矩、转速和转向的变换器。齿轮传动具有结构紧凑、传动精确、强度大、能承受重载、摩擦小、效率高等优点。随着电动机直接驱动技术在机电一体化系统中的广泛应用，齿轮传动的应用有减少的趋势。

1. 齿轮传动比的最佳匹配

机电一体化系统中的机械传动装置不仅仅是用来解决伺服电动机与负载间的转速、转矩匹配问题，更重要的是为了提高系统的伺服性能。因此，在机电一体化系统中通常根据负载角加速度最大原则来选择总传动比，以提高伺服系统的响应速度。

在实际应用中，为了提高系统抗干扰力矩的能力，通常选用较大的传动比。

在计算出传动比后，根据对传动链的技术要求，选择传动方案，使驱动部件和负载之间的转矩、转速达到合理匹配。各级传动比的分配原则主要有以下三种：

（1）最小等效转动惯量原则

利用该原则所设计的齿轮传动系统，换算到电动机轴上的等效转动惯量为最小。

按此原则计算得到的各级传动比按“先小后大”次序分配。大功率传动装置传递的转矩大，各级齿轮的模数、齿宽直径等参数逐级增加，以上计算公式不再适用，但各级传动比分配的原则仍是“先小后大”。

（2）质量最轻原则

对于小功率传递系统，假定各主动齿轮模数、齿数均相等，使各级传动比也相等，即可使传动装置的质量最轻。对于大功率传动系统，因其传递的扭矩大，齿轮的模数、齿宽等参数要逐级增加，此时要根据经验、类比的方法，并使其结构紧凑等要求来综合考虑传动比。此时，各级传动比一般应以“先大后小”的原则来确定。

（3）输出轴转角误差最小原则

在减速传动链中，从输入端到输出端的各级传动比应为“先小后大”，并且末端两级的货动比应尽可能大一些，齿轮的精度也应该提高，这样可以减少齿轮的加工误差、安装误差和回转误差对输出转角精度的影响。对以上三种原则，应该根据具体情况综合考虑。对于以提高传动精度和减小回程误差为主的降速齿轮传动链，可按输出轴转角误差最小原则设计；对于升速传动链，则应在开始几级就增速；对于要求运动平稳、起停频繁和动态性能好的伺服降速传动链，可按最小等效转动惯量和输出轴转角误差最小原则进行设计；对于负载变化的齿轮传动装置，各级传动比最好采用不可约的比数，避免同时啮合；对于要求重量尽可能轻的降速传动链，可按重量最轻原则进行设计。

2. 齿轮传动间隙的调整方法

齿轮传动过程中，主动轮突然改变方向时，从动轮不能马上随之反转，而是有一个滞后量，使齿轮传动产生回差，回差产生的主要原因是齿轮副本身的间隙和加工装配的误差。圆柱齿轮传动间隙调整方法主要有以下几种：

（1）偏心套（轴）调整法

这种调整方法结构简单，但侧隙不能自动补偿。

（2）轴向垫片调整法

该方法的特点为结构简单，但侧隙也不能自动补偿。

3. 谐波齿轮传动

谐波齿轮传动是由美国学者麦塞尔（Walt Musser）发明的一种传动技术，它的出现为机械传动技术带来了重大突破。谐波齿轮传动具有结构简单、传动比大（几十至几百）、传动精度高、回程误差小、噪声低、传动平稳、承载能力强、效率高等优点，因此在机器人、机床分度机构、航空航天设备、雷达等机电一体化系统中得到了广泛的应用。比如，美国NASA发射的火星机器人一火星探测漫游者，使用了19套谐波传动装置。

（1）谐波齿轮的原理

谐波齿轮传动的原理是依靠柔性齿轮所产生的可控制弹性变形波，引起齿间的相对位移来传递动力和运动。

柔性齿轮、刚性齿轮、波发生器三者中，波发生器为主动件，柔性齿轮或刚性齿轮为从动件。在谐波齿轮传动中，刚性齿轮的齿数略大于柔性齿轮的齿数，波发生器的长度比未变形的柔性齿轮内圆直径大，当波发生器装入柔性齿轮内圆时，迫使柔性齿轮产生弹性变形而呈椭圆状，使其长轴处柔性齿轮轮齿插入刚性齿轮的轮齿槽内，成为完全啮合状态；而其短轴处两轮轮齿完全不接触，处于脱开状态。啮合与脱开之间的过程则处于啮出或啮入状态。当波发生器连续转动时，迫使柔性齿轮不断产生变形，使两轮轮齿在进行啮人、啮合、啮出、脱开的过程中不断改变各自的工作状态，产生了所谓的错齿运动，从而实现了主动件波发生器与柔性齿轮的运动传递。

（2）谐波齿轮的传动比

谐波齿轮传动的波形发生器相当于行星轮系的转臂，柔轮相当于行星轮，刚轮则相当于中心轮。因此，谐波齿轮传动的传动比可以应用行星轮系求传动比的方式来计算。

（3）谐波齿轮的设计与选择

目前尚无谐波减速器的国家标准，不同生产厂家之间的标准代号也不尽相同。设计时可根据需要单独购买不同减速比、不同输出转矩的谐波减速器中的三大构件，并根据其安装尺寸与系统的机械构件相连接。

（四）挠性传动

机电一体化系统中采用的挠性传动件有同步带传动、钢带传动和绳轮传动。

1. 同步带传动

同步带传动在带的工作面及带轮的外周上均制有啮合齿，由带齿与轮齿的相互啮合实现传动。同步带传动是一种兼有链、齿轮、V带优点的新型传动。具有传动比准确，传动效率高、能吸振、噪声小、传动平稳、能高速传动、维护保养方便等优点。缺点有安装精度要求高、中心距要求严格，并且具有一定蠕变性。同步带传动部件有国家标准，并有专门生产厂家生产。

2. 钢带传动和绳轮传动

钢带传动和绳轮传动均属于摩擦传动，主要应用在起重机、电梯、索道等设备中。钢带传动的特点是钢带与带轮间接触面积大、无间隙、摩擦阻力大，无滑动，结构简单紧凑、运行可靠、噪声低、驱动力大、寿命长，无蠕变。钢带挂在驱动轮上，磁头固定在往复运动的钢带上，此传动方式结构紧凑、磁头移动迅速、运行可靠。

绳轮传动具有结构简单、传动刚度大、结构柔软、成本较低、噪声低等优点。其缺点是带轮较大、安装面积大、加速度不能太高。

3. 挠性轴传动

挠性轴传动又称为软轴传动。挠性轴由几层缠绕成螺旋线的钢丝制成，相邻两层钢丝的旋向相反。挠性轴输入端转向要与轴的最外层钢丝旋向一致，这样可使钢丝趋于缠紧。挠性轴外层有保护软套管，护套的主要作用为引导和固定挠性轴的位置，使其位置稳定，不打结，不发生横向弯曲，另一方面可以防潮、防尘和储存润滑油。

挠性轴具有良好的挠性，能在轴线弯曲状态下灵活地将旋转运动和转矩传递到任何位置。因此，挠性轴适用于两个传动机构不在同一条直线上或两个部件之间有相对位置的情况下传动。五、间歇传动

机电一体化系统中常见的间歇传动部件有棘轮传动、槽轮传动和蜗形凸轮传动。间歇传动部件的作用是将原动机构的连续运动转换为间歇运动。

二、导向机构

机电一体化系统的导向机构为各运动机构提供可靠的支承，并保证其正确的运动轨迹，以完成其特定方向的运动。简而言之，导向机构的作用为支承和导向。机电一体化系统的导向机构是导轨，一副导轨主要由两部分组成，在工作时一部分固定不动，称为支承导轨（或导轨），另一部分相对支承导轨做直线或回转运动，称为运动导轨（或滑块）。

（一）导向机构的性能要求与分类

1. 导轨的性能要求

机电一体化系统对导轨的基本要求是导向精度高、刚度足够大、运动轻便平稳、耐磨性好和结构工艺性好等。

导向精度：指运动导轨沿支承导轨运动的直线度。影响导向精度的因素有导轨的几何精度、结构形式、刚度、热变形等。

刚度：导轨受力变形会影响导轨的导向精度及部件之间的相对位置，因此要求导轨应有足够的刚度。

低速运动平稳性：指导轨低速运动或微量位移时不出现爬行现象。爬行是指导轨低速运动时，速度不是匀速，而是时快时慢，时走时停。爬行产生的原因是静摩擦因数大于动摩擦因数。

耐磨性：指导轨在长期使用过程中能否保持一定的导向精度。导轨在工作过程中难免有所磨损，所以应力求减少磨损量，并在磨损后能自动补偿或便于调整。

其他方面：导轨应结构简单、工艺性好，并且热变形不应太大，以免影响导轨的运动精度，甚至卡死。

2. 导轨的分类及特点

常用的导轨种类很多，按导轨接触面间的摩擦性质可分为滑动导轨、滚动导轨、流体介质摩擦导轨等。按其结构特点可分为开式导轨（借助重力或弹簧强力保证运动件与支承导轨面之间的接触）和闭式导轨（只靠导轨本身的结构形状保证运动件与支承导轨面之间的接触）。

一般滑动导轨静摩擦系数大，并且动、静摩擦系数差值也大，低速易爬行，不满足机电一体化设备对伺服系统快速响应性、运动平稳性等要求，因此，在数控机床等机电一体化设备中使用较少。

（二）滚动直线导轨

1. 滚动直线导轨的特点

滚动直线导轨副是在滑块与导轨之间放入适当的滚动体，使滑块与导轨之间的滑动摩擦变为滚动摩擦，大大降低二者之间的运动摩擦阻力。滚动导轨适用于工作部件要求移动均匀、动作灵敏和定位精度高的场合，因此在高精密的机电一体化产品中应用广泛。目前各种滚动导轨基本已实现生产的标准化、系列化，用户及设计人员只需了解滚动直线导轨的特点，掌握选用方法即可。滚动导轨的特点：

摩擦因数低，摩擦因数为滑动导轨的1/50左右。动静摩擦因数差小，不易爬行，运动平稳性好；刚度大。滚动导轨可以预紧，以提高刚度；寿命长。由于是纯滚动，摩擦因数为滑动导轨的1/50左右，磨损小，因而寿命长，功耗低，便于机械小型化。

2. 滚动直线导轨的选用

在设计选用滚动直线导轨时，应对其使用条件，包括工作载荷、精度要求、速度、工作行程、预期工作寿命等进行计算，并且还要考虑其刚度、摩擦特性及误差平均作用、阻尼特征等因素，从而达到正确合理的选用，以满足设备技术性能的要求。

（三）塑料导轨

所谓塑料导轨，指床身仍是金属导轨，在运动导轨面上贴上一层，或涂覆一层耐磨塑料的制品。塑料导轨也称贴塑导轨。采用塑料导轨的主要目的有以下两点：

克服金属滑动导轨摩擦因数大、磨损快、低速易爬行等缺点；

保护与其对磨的金属导轨面的精度，延长其使用寿命。

塑料导轨一般用在滑动导轨副中较短的导轨面上。塑料导轨的应用形式主要有以下几种：

1. 塑料导轨软带

塑料导轨软带的材料以聚四氟乙烯为基体，加入青铜粉、二硫化铜和石墨等填充剂混合烧结，并做成软带状。使用时采用黏结材料将其贴在所需处作为导轨表面。塑料导轨软带有以下特点：

摩擦因数低且稳定：其摩擦因数比铸铁导轨低一个数量级；

动静摩擦因数相近：其低速运动平稳性比铸铁导轨好；

吸收振动：由于材料具有良好的阻尼性，其抗震性优于接触刚度较低的滚动导轨；

耐磨性好：由于材料自身具有润滑作用，因而在无润滑情况下也能工作；

化学稳定性好：耐高低温、耐强酸强碱、耐强氧化剂及各种有机溶剂；

维护修理方便：导轨软带使用方便，磨损后更换容易；

经济性好：结构简单、成本低，成本约为滚动导轨的1/20。

2. 金属塑料复合导轨

金属塑料复合导轨分为三层，内层钢背保证导轨板的机械强度和承载能力。钢背上镀铜烧结球状青铜粉或铜丝网形成多孔中间层，以提高导轨板的导热性，然后用真空浸渍法，使塑料进入孔或网中。当青铜与配合面摩擦发热时，由于塑料的热胀系数远大于金属，因而塑料将从多孔层的孔隙中挤出，向摩擦表面转移补充，形成厚0.01～0.05mm的表面自润滑塑料层一外层。金属塑料导轨板的特点是：摩擦特性优良，耐磨损。

3. 塑料涂层

摩擦副的两配对表面中，若只有一个摩擦面磨损严重，则可把磨损部分切除，涂敷配制好的胶状塑料涂层，利用模具或另一摩擦表面使涂层成形，固化后的塑料涂层即成为摩擦副中配对面之与另一金属配对面组成新的摩擦副，利用高分子材料的性能特点，达到良好的工作状态。

（四）流体静压导轨

流体静压导轨是指借助于输入到运动件和固定件之间微小间隙内流动着的黏性流体来支承载荷的滑动支承，包括液体静压导轨和气体静压导轨。流体静压导轨利用专用的供油（供气）装置，将具有一定压力的润滑油（压缩空气）送到导轨的静压腔内，形成具有压力的润滑油（气）层，利用静压腔之间的压力差，形成流体静压导轨的承载力，将滑块浮起，并承受外载荷。流体静压导轨具有多个静压腔，支承导轨和运动导轨间具有一定的间隙，并且具有能够自动调节油腔间压力差的零件，该零件称为节流器。

静压导轨间充满了液体（或气体），支承导轨和运动导轨被完全隔开，导轨面不接触，因此静压导轨的动、静摩擦因数极小，基本无磨损、发热问题，使用寿命长；在低速条件下无爬行现象；速度或载荷变化对油膜或气膜的刚度影响小，并且油膜或气膜对导轨制造误差有均化作用；工作稳定且抗震性好。但其结构比较复杂，需要有一套供油（供气）装置，调整比较麻烦，成本较高。

1. 液体静压导轨

液体静压导轨由支承导轨、运动导轨、节流器和供油装置组成。液体静压导轨分为开式和闭式两种。在静压导轨各方向及导轨面上都开有油腔，液压泵输出的压力油经过六个节流器后压力下降并分别流到对应的六个油腔。

2. 气体静压导轨

气体静压导轨的工作原理和液体静压导轨相同，只是其工作介质不同，液体静压导轨的工作介质为润滑油，气体静压导轨的工作介质为空气。由于气体具有可压缩性、黏度低，比起相同尺寸的液体静压导轨，气体静压导轨的刚度较低，阻尼较小。

三、执行机构

（一）执行机构的基本要求

执行机构是利用某种驱动能源，在控制信号作用下，提供直线或旋转运动的驱动装置。执行机构是机电一体化系统及产品实现其主要功能的重要环节，它应能快速地完成预期的动作，并应具有响应速度快，动态特性好，灵敏等特点。对执行机构的要求有：惯量小、动力大；体积小、质量轻；便于维修、安装；易于计算机控制。

机电一体化系统常用的执行机构主要有电磁执行机构、微动执行机构、工业机械手，以及液压和气动执行机构。

（二）电磁执行机构

随着机电一体化技术的高速发展，对各类系统的定位精度也提出了更高的要求。在这种情形下，传统的旋转电机加上一套变换机构（比如滚珠丝杠螺母副）组成的直线运动装置，由于具有“间接”的性质，往往不能满足系统的精度要求。而直线电动机的输出直接为直线运动，不需要把旋转运动变成直线运动的附加装置，其传动具有“直接”的性质。

在结构上，直线电动机可以认为是由一台旋转电动机沿径向剖开，然后拉直演变而成。永磁无刷旋转电动机的两个基本部件是定子（线圈）和转子（永磁体）。在无刷直线电动机中，将旋转电动机的转子沿径向剖开并拉直，则成为直线电动机的永磁体轨道（也称为直线电动机的定子）；将旋转电动机的定子沿径向剖开并拉直，则成为直线电动机的线圈（也称为直线电动机的动子）。

在大多数无刷直线电动机的应用中，通常是永磁体保持静止，线圈运动，其原因是这两个部件中线圈的质量相对较小，但有时将运动与静止件反过来布置会更有利并完全可以接受。在这两种情况下，基本电磁工作原理是相同的，并且与旋转电动机完全一样。目前有两种类型的直线电动机：无铁芯电动机和有铁芯电动机，每种类型电动机均具有取决于其应用的最优特征和特性。有铁芯电动机有一个绕在硅钢片上的线圈，以便通过一个单侧磁路，产生最大的推力；无铁芯电机没有铁芯或用于缠绕线圈的长槽，因此，无铁芯电机具有零齿槽效应、非常轻的质量，以及在线圈与永磁体之间绝对没有吸引力。这些特性非常适合用于需要极低轴承摩擦力、轻载荷高加速度，以及能在极小的恒定速度下运行（甚至是在超低速度下）的情况。模块化的永磁体由双排永磁体组成，以产生成最大的推力，并形成磁通返回的路径。

与旋转电动机相比，直线电动机有如下几个特点：

1. 结构简单

直线电动机不需要把旋转运动变成直线运动的中间传递装置，使得系统本身的结构大为简化，重量和体积均大大下降。

2. 极高的定位精度

直线电动机可以实现直接传动，消除了中间环节所带来的各种误差，定位精度仅受反馈分辨率的限制，通常可达到微米以下的分辨率。并且，因为消除了定、动子间的接触摩擦阻力，大大地提高了系统的灵敏度。

3. 刚度高

在直线电动机系统中，电机被直接连接到从动负载上。在电动机与负载之间，不存在传动间隙，实际上也不存在柔度。

4. 速度范围宽

由于直线电动机的定子和动子为非接触式部件，不存在机械传动系统的限制条件，因此，很容易达到极高和极低的速度。相比之下，机械传动系统（如滚珠丝杠副）通常将速度限制为 0.5 ~0.7m/s。

5. 动态性能好

除了高速能力外，直接驱动直线电动机还具有极高的加速度。大型电动机通常可得到 3 ~ 5g的加速度，而小型电动机通常很容易得到超过 10g的加速度。

（三）微动执行机构

微动执行机构是一种能在一定范围内精确、微量地移动到给定位置或实现特定的进给运动的机构，在机电一体化产品中，它一般用于精确、微量地调节某些部件的相对位置。微动执行机构应该能满足以下要求：灵敏度高，最小移动量能达到移动要求；传动灵活、平稳，无空行程与爬行现象，制动后能保持在稳定的位置；抗干扰能力强，响应速度快；能实现自动控制；良好的结构工艺性。微动执行机构按照运动原理可分为热变形式、磁致伸缩式和压电陶瓷式。

1. 热变形式

热变形式微动执行机构利用电热元件作为动力源，通过电热元件通电后产生的热变形实现微小位移。

热变形微动机构具有高刚度和无间隙的优点，并可通过控制加热电流得到所需微量位移；但由于热惯性以及冷却速度难以精确控制等原因，这种微动系统只适用于行程较短且使用频率不高的场合。

2. 磁致伸缩式

磁致伸缩式微动执行机构是利用某些材料在磁场作用下具有改变尺寸的磁致伸缩效应，来实现微量位移。

磁致伸缩式微动机构的特征有重复精度高、无间隙、刚度好、惯量小、工作稳定性好、结构简单紧凑。但由于工程材料的磁致伸缩量有限，该类机构所提供的位移量很小，因而该类机构适用于精确位移调整、切削刀具的磨损补偿及自动调节系统。

3. 压电陶瓷式

压电陶瓷式微动执行机构是利用压电材料的逆压电效应产生位移的。一些晶体在外力作用下会产生电流，反过来在电流作用下会产生力或变形，这些晶体称为压电材料，这种现象称为压电效应。压电效应是一种机械能与电能互换的现象，分为正压电效应和逆压电效应。对压电材料沿一定的方向施加外力，其内部会产生极化现象，在两个相对的表面上出现正负相反的电荷，这种现象称为正压电效应；相反，沿压电材料的一定方向施加电场，压电材料会沿电场方向伸长，这种现象称为逆压电效应。工程上常用的压电材料为压电陶瓷。利用压电陶瓷的逆压电效应可以做成压电微动执行器件。对压电器件要求其压电灵敏度高、线性好、稳定性好和重复性好。

压电器件的主要缺点是变形量小，为获得需要的驱动量常要加较高的电压，一般大于800V。增大压电陶瓷所用方向的长度、减少压电陶瓷厚度、增大外加电压、选用压电系数大的材料均可以增大压电陶瓷长度方向变形量。另外，也可用多个压电陶瓷组成压电堆，采用并联接法，以增大伸长量。

（四）工业机械手末端执行器

末端执行器安装在机械手的手腕或手臂的机械接口上，是直接执行作业任务的装置。末端执行器根据用途不同可分为三类：机械夹持器、吸附式末端执行器和灵巧手。

1. 机械夹持器

机械夹持器具有夹持和松开的功能。夹持工件时，有一定的力约束和形状约束，以保证被夹工件在移动、停留和装入过程中，不改变姿态。松开工件时，应完全松开。机械夹持器的组成部分包括手指、传动机构和驱动装置。手指是直接与工件接触的部件，夹持器松开和夹紧工件是通过手指的张开和闭合来实现的。传动机构向手指传递运动和动力，以实现夹紧和松开动作。驱动装置是向传动机构提供动力的装置，一般有液压、气动、机械等驱动方式。根据手指夹持工件时的运动轨迹的不同，机械夹持器分为圆弧开合型、圆弧平行开合型和直线平行开合型。

2. 吸附式末端执行器

吸附式末端执行器可分为气吸式和磁吸式两类。气吸式末端执行器利用真空吸力或负压吸力吸持工件，它适用于抓取薄片及易碎工件的情形，吸盘通常由橡胶或塑料制成；磁吸式末端执行器则是利用电磁铁和永久磁铁的磁场力吸取具有磁性的小五金工件。

真空吸附式末端执行器（真空吸附手），抓取工件时，橡胶吸盘与工件表面接触，橡胶吸盘起到密封和缓冲的作用，通过真空泵抽气来达到真空状态，在吸盘内形成负压，实现工件的抓取。松开工件时，吸盘内通入大气，失去真空状态后，工件被放下。该吸附式末端执行器结构简单、价格低廉，常用于小件搬运，也可根据工件形状、尺寸、重量的不同将多个真空吸附手组合使用。电磁吸附式末端执行器，又称为电磁吸附手，它利用通电线圈的磁场对可磁化材料的作用来实现对工件的吸附。该执行器同样具有结构简单，价格低廉的特点。电磁吸附手的吸附力是由通电线圈的磁场提供的，所以可用于搬运较大的可磁化材料的工件。吸附手的形状可根据被吸附工件表面形状来设计，既可用于吸附平坦表面工件又可用于吸附曲面工件。

3. 灵巧手

灵巧手是一种模仿人手制作的多指多关节的机器人末端执行器。它可以适应物体外形的变化，对物体进行任意方向、任意大小的夹持力，可以满足对任意形状、不同材质物体的操作和抓持要求，但是其控制、操作系统技术难度大。

四、轴系

（一）轴系的性能要求与分类

轴系由轴、轴承及安装在轴上的传动件组成。轴系的主要作用是传递扭矩及传递精确的回转运动。轴系分为主轴轴系和中间传动轴轴系。对中间传动轴轴系性能一般要求不高，而随着机电一体化技术的发展，主轴的转速越来越高，所以对于完成主要作用的主轴轴系的旋转精度、刚度、抗震性及热变形等性能的要求较高。

1. 回转精度

回转精度是指装配后，在无负载、低速旋转的条件下，轴前端的径向和轴向圆跳动量。回转精度的大小取决于轴系各组成零件及支承部件的制造精度与装配调整精度。主轴的回转误差对加工或测量的精度影响很大。在工作转速下，其回转精度取决于其转速、轴承性能以及轴系的动平衡状态。

2. 刚度

轴系的刚度反映轴系组件抵抗静、动载荷变形的能力。载荷为弯矩、转矩时，相应的变形量为挠度、扭转角，其刚度为抗弯刚度和抗扭刚度。设计轴系时除了对强度进行验算之外，还必须进行刚度验算。

3. 抗震性

轴系的振动表现为强迫振动和自激振动两种形式。其振动原因有轴系组件质量不匀引起的不平衡、轴单向受力等。振动直接影响旋转精度和轴承寿命。对高速运动的轴系必须以提高其静刚度、动刚度、增大轴系阻尼比等措施来提高抗震性。

4. 热变形

轴系受热会使轴伸长或使轴系零件间间隙发生变化，影响整个传动系统的传动精度、回转精度及位置精度。另外，温度的上升会使润滑油的黏度降低，使静压轴承或滚动轴承的承载能力下降。因此应采取措施将轴系部件的温升限制在一定范围之内，常用的措施有将热源与主轴组件分离、减少热源的发生量、采用冷却散热装置等。

根据主轴轴颈与轴套之间的摩擦性质不同，机电一体化系统常用的轴系可以分为滚动轴承轴系、流体静压轴承轴系和磁悬浮轴承轴系。

（二）滚动轴承

滚动轴承是指在滚动摩擦下工作的轴承。轴承的内圈与外圈之间放入滚球、滚柱等滚动体作为介质。常见的滚动轴承按受力方向不同可分为向心轴承、推力轴承和向心推力轴承。

近二三十年来，陶瓷球轴承逐渐发展兴起，并走上了工程应用。陶瓷球轴承的结构和普通滚动轴承一样。陶瓷球轴承分为全陶瓷轴承（套圈、滚动体均为陶瓷）和复合陶瓷轴承（仅滚动体为陶瓷，套圈为金属）两种。

陶瓷轴承具有以下特点：陶瓷耐腐蚀，适宜用于有腐蚀性介质的恶劣环境；陶瓷的密度比钢小，质量轻，可减少因离心力产生的动载荷，使用寿命大大延长；陶瓷硬度高，耐磨性高，可减少因高速旋转产生的沟道表面损伤；陶瓷的弹性模量高，受力弹性小，可减少因载荷大所产生的变形，因此有利于提高工作速度，并达到较高的精度。

（三）流体静压轴承

流体静压轴承的工作原理和流体静压导轨相似。流体静压轴承也分为液体静压轴承和气体静压轴承。

1. 液体静压轴承

液体静压轴承系统包括四部分；静压轴承、节流器、供油装置和润滑油。油泵未工作时，油腔内没有油，主轴压在轴承上。油泵起动以后，从油泵输出的具有一定压力的润滑油通过各个节流器进入对应的油腔内，由于油腔是对称分布的，若不计主轴自重，主轴处于轴承的中间位置，此时，轴与轴承之间各处的间隙相同，各油腔的压力相等。主轴表面和轴承表面被润滑油完全隔开，轴承处于全液体摩擦状态。

2. 气体静压轴承

气体静压轴承的工作原理和液体静压轴承相同。液体静压轴承的转速不宜过大，否则润滑油发热较严重，使轴承结构产生变形，影响精度，而气体的黏度远小于润滑油，气体静压轴承的转速可以很高。并且空气具有不需回收、不污染环境的特点。气体静压轴承主要用于超精密机床、精密测量仪器、医疗器械等场合，例如牙医使用的牙钻。

（四）磁悬浮轴承

磁悬浮轴承是利用电磁力，将被支承件稳定悬浮在空间，使支承件与被支承件之间没有机械接触的一种高性能机电一体化轴承。磁悬浮轴承由控制器、功率放大器、转子、定子和传感器组成，工作时通过传感器检测到转子的偏差信号，通过控制器进行调节并发出信号，然后采用功率放大器控制线圈的电流，从而控制线圈产生的磁场以及作用在转子上的电磁力，使其保持在正确的位置上。

五、机座和机架

机电一体化系统的基座或机架的作用是支承和连接设备的零部件，使这些零部件之间保持规定的尺寸和形位公差要求。机座或机架的基本特点是尺寸较大、结构复杂、加工面多，几何精度和相对位置精度要求较高。一般情形下，机座多采用铸件，机架多由型材装配或焊接而成。设计基座或机架时主要从以下几点进行考虑：

刚度：机座或机架的刚度是指其抵抗载荷变形的能力。刚度分为静刚度和动刚度，抵抗恒定载荷变形的能力称为静刚度；抵抗动态载荷变形的能力称为动刚度。如果机座或机架的刚度不够，则在工件的重力、夹紧力、惯性力和工作载荷等的作用，就会产生变形、振动或爬行，而影响产品的定位精度、加工精度及其他性能。

机座或机架的静刚度：主要是指它们的结构刚度和接触刚度。机电一体化系统的动刚度与其静刚度、阻尼及固有频率有关。对机电一体化系统来说，影响其性能的往往是动态载荷，当机座或机架受到振源影响时，整机会发生振动，使各主要部件及其相互间产生弯曲或扭转振动，尤其是当振源振动频率与机座或机架的固有振动频率接近或重合时，将产生共振，严重影响机电一体化系统的工作精度。因此，应该重点关注机电一体化系统的动刚度，系统的动刚度越大，抗震性越好。

为提高机架或机座的抗震性，可采取如下措施：提高系统的静刚度，即提高系统固有频率，以避免产生共振；增加系统阻尼；在不降低机架或机座静刚度的前提下，减轻质量以提高固有频率；采取隔振措施。

热变形：机电一体化系统运转时，电动机等热源散发的热量、零部件之间因相对运动而产生的摩擦热和电子元器件的发热等，都将传到机座或机架上，引起机座或机架的变形，影响其精度。为了减小机座或机架的热变形，可以控制热源的发热，比如改善润滑，或采用热平衡的办法，控制各处的温度差，减小其相对变形。

其他方面：除以上两点外，还要考虑机械结构的加工以及装配的工艺性和经济性。设计机座或机架时还要考虑人机工程方面的要求，要做到造型精美、色彩协调、美观大方。

六、机构简图的绘制

机电一体化系统机械结构设计的第一步往往是方案设计，即首先设计、分析其机械原理方案，这一设计阶段的重点在于机构的运动分析，机构的具体结构、组成方式等在这一设计阶段并不影响机构的运动特性。因此，机构的运动原理往往用机构简图来绘制。机构简图是指用简单符号和线条代表运动副和构件，绘制出表示机构的简明图形。

直角坐标机器人可以在三个互相垂直的方向上做直线伸缩运动。这种形式的机器人三个方向的运动均是独立的，控制方便，但占地面积较大。

圆柱坐标机器人可以在一个绕基座轴的方向上做旋转运动和两个在相互垂直方向上的方向上做直线伸缩运动。它的运动范围为一个圆柱体，与直角坐标机器人相比，其占地面积小，活动范围广。

极坐标机器人的运动范围由一个直线运动和两个回转运动组成。其特点类似于圆柱坐标机器 人。多关节机器人由多个旋转或摆动关节组成，其结构近似于人的手臂。多关节机器人动作灵活、工作范围广，但其运动主观性较差。

第五章 机电设备智能机器人技术

第一节 机电设备与机器人技术

机器人是20世纪出现的名词。真正使机器人成为现实是在20世纪工业机器人出现以后。根据机器人的发展过程可将其分为三代：第一代是示教再现型机器人，主要由夹持器、手臂、驱动器和控制器组成。它由人操纵机械手做一遍应当完成的动作或通过控制器发出指令让机械手臂动作，在动作过程中机器人会自动将这一过程存入记忆装置。当机器人工作时，能再现人类教给它的动作，并能自动重复地执行。第二代是有感觉的机器人，它们对外界环境有一定感知能力，并具有听觉、视觉、触觉等功能。机器人工作时，根据感觉器官（传感器）获得的信息，灵活调整自己的工作状态，保证在适应环境的情况下完成工作。第三代是具有智能的机器人。智能机器人是靠人工智能技术决策行动的机器人，它们根据感觉到的信息，进行独立思维、识别、推理，并做出判断和决策，不用人的参与就可以完成一些复杂的工作。

一、机器人的定义

对于机器人，目前尚无统一的定义。在英国简明牛津字典中，机器人的定义是：貌似人的自动机，具有智力和顺从于人但不具人格的机器。美国国家标准局（NBS）对机器人的定义是：机器人是一种能够进行编程并在自动控制下执行某些操作和移动作业任务的机械装置。日本工业机器人协会（JIRA）对机器人的定义是：工业机器人是一种能够执行与人的上肢（手和臂）类似的多功能机器；智能机器人是一种具有感觉和识别能力并能控制自身行为的机器。世界标准化组织（ISO）对机器人的定义是：机器人是一种能够通过编程和自动控制来执行诸如作业或移动等任务的机器。

二、机器人的组成

工业机器人是一种应用计算机进行控制的替代人进行工作的高度自动化系统，它主要由控制器、驱动器、夹持器、手臂和各种传感器等组成。工业机器人计算机系统能够对力觉、触觉、视觉等外部反馈信息进行感知、理解、决策，并及时按要求驱动运动装置、语音系统完成相应任务。通常可将工业机器人分为执行机构、驱动装置和控制系统三大部分。

（一）执行机构

执行机构也叫操作机，具有和人臂相似的功能，是可以在空间抓放物体或进行其他操作的机械装置。包括机座、手臂、手腕和末端执行器。

末端执行器又称手部，是执行机构直接执行工作的装置，可安装夹持器、工具、传感器等，通过机械接口与手腕连接。夹持器可分为机械夹紧、真空抽吸、液压张紧和磁力夹紧四种。

手腕又称副关节组，位于手臂和末端执行器之间，由一组主动关节和连杆组成，用来支承末端执行器和调整末端执行器的姿态，它有弯曲式和旋转式两种。

手臂又称主关节组，由主动关节（由驱动器驱动的关节称主动关节）和执行机构的连接杆件组成，用于支承和调整手腕和末端执行器。手臂应包括肘关节和肩关节。一般将靠近末端执行器的一节称为小臂，靠近机座的称为大臂。手臂与机座用关节连接，可以扩大末端执行器的运动范围。机座是机器人中相对固定并承受相应力的部件，起支承作用，一般分为固定式和移动式两种。立柱式、机座式和屈伸式机器人大多是固定式的，它可以直接连接在地面基础上，也可以固定在机身上。移动式机座下部安装行走机构，可扩大机器人的工作范围；行走机构多为滚轮或履带，分为有轨和无轨两种。

（二）驱动装置

机器人的驱动装置用来驱动执行结构工作，根据动力源不同可分为电动、液动和气动三种，其执行机构电动机、液压缸和气缸可以与执行结构直接相连，也可通过齿轮、链条等装置与执行装置连接。

（三）控制系统

机器人的控制系统用来控制工业机器人的要求动作，其控制方式分为开环控制和闭环控制。目前多数机器人都采用计算机控制，其控制系统一般可分为决策级、策略级和执行级三级。决策级的作用是识别外界环境，建立模型，将作业任务分解为基本动作序列；策略级将基本动作变为关节坐标协调变化的规律，分配给各关节的伺服系统；执行级给出关节伺服系统执行给定的指令。控制系统常用的控制装置包括：人一机接口装置（键盘、示教盒、操纵杆等）、具有存储记忆功能的电子控制装置（计算机、PLC或其他可编程逻辑控制装置）、传感器的信息放大、传输及信息处理装置、速度位置伺服驱动系统（PWM、电一液伺服系统或其他驱动系统）、输入／输出接口及各种电源装置等。

三、机器人的机械系统

机器人要完成各种各样的动作和功能，如移动、抓举、抓紧工具等工作，必须靠动力装置、机械机构来完成。一般所说的机器人指的是工业机器人。工业机器人的机械部分（执行机构或操作机）主要由手部（末端执行器）、手臂、手腕和机座组成。

（一）机器人手臂的典型机构

手臂是机器人执行机构中重要的部件，它的作用是将被抓取的工件送到指定位置。一般机器人的手臂有三个自由度，即手臂的伸缩、左右回转和升降（或俯仰）运动。其中，左右回转和升降运动是通过机座的立柱实现的。

机器人的运动功能是由一系列单元运动的组合来确定的。所谓的单元运动，就是“直线运动（伸缩运动）”“旋转运动”和“摆动”三种运动。“旋转运动”指的是轴线方向不变，以轴线方向为中心进行旋转的运动。“摆动”是改变轴线方向的运动，有的是轴套固定轴旋转，也有的是轴固定而轴套旋转。一般用“自由度”来表示构成运动系的单元运动的个数。

手臂的各种运动一般是由驱动机构和各种传动机构来实现，因此它不仅承受被抓取工件的重量，而且承受末端执行器、手腕和手臂自身的重量。手臂的结构、工作范围、灵活性以及抓重大小和定位精度都直接影响机器人的工作性能，必须根据机器人的抓取重量、运动形式、自由度数、运动速度以及定位精度等的要求来设计手臂的结构形式。

按手臂的运动形式来说，手臂有直线运动，如手臂的伸展、升降即横向或纵向移动；有回转运动，如手臂的左右回转、上下摆动（俯仰）；有复合运动，如直线和回转运动的组合、两直线运动的组合、两回转运动的组合。

实现手臂回转运动的结构形式很多，其中常用的有齿轮传动机构、链轮传动机构、连杆传动机构等。

（二）机器人手腕结构

1. 手腕的概念

手腕是连接末端夹持器和小臂的部件，它的作用是调整或改变工件的方位，因而具有独立的自由度，可使末端夹持器能完成各种复杂的动作。

2. 手腕的结构及运动形式

确定末端夹持器的作业方向，一般需要有相互独立的三个自由度，由三个回转关节组成。在手腕关节的结构及其运动形式中，偏摆是指末端夹持器相对于手臂进行的摆动；横滚是指末端夹持器（手部）绕自身轴线方向的旋转；俯仰是指绕小臂轴线方向的旋转。

手腕自由度的选用与机器人的工作环境、加工工艺、工件的状态等许多因素有关。

3. 单自由度手腕

单自由度手腕有俯仰型和偏摆型两种，俯仰型手腕沿机器人小臂轴线方向做上下俯仰动作完成所需的功能；偏摆型手腕沿机器人小臂轴线方向做左右摆动动作完成所需要的功能。

4. 双自由度手腕

双自由度手腕能满足大多数工业作业的需求，是工业机器人中应用最多的结构形式。双自由度手腕有双横滚型、横滚偏摆型、偏摆横滚型和双偏摆型四种。

5. 三自由度手腕

三自由度手腕是结构较复杂的手腕，可达空间度最高，能够实现直角坐标系中的任意姿态，常见于万能机器人的手腕。三自由度手腕由于某些原因导致自由度降低的现象，称为自由度的退化现象。

6. 柔顺手腕

柔顺性装配技术有两种，一种是从检测、控制的角度，采取不同的搜索方法，实现边校正边装配，这种装配方式称为主动柔顺装配。另一种是从结构的角度在手腕部配置一个柔顺环节，以满足柔顺装配的需要，这种柔顺装配技术称为被动柔顺装配。

（三）机器人的手部结构

1. 机器人手部的概念

机器人的手部就是末端夹持器，它是机器人直接用于抓取和握紧（或吸附）工件或夹持专用工具进行操作的部件，具有模仿人手动作的功能，安装于机器人小臂的前端。它分为夹钳式取料手、吸附式取料手和专用操作器等。

2. 夹钳式取料手

夹钳式取料手由手指（手爪）和驱动机构、传动机构、连接与支承部件组成。夹钳式手部通过手指的开、合动作实现对物体的夹持。手指是直接和加工工件接触的部分，通过手指的闭合和张开实现对工件的夹紧和松开。机器人手指数量从两个到多个不等，一般根据需要而设计。手指的形状取决于工件的形状，一般有V形、平面型指、尖指和特殊形状指等。

3. 机器人手爪

常见的典型手爪有弹性力手爪、摆动式手爪和平动式手爪等。

（1）弹性力手爪

弹性力手爪的特点是夹持物体的抓力由弹性元件提供，无须专门驱动装置，它在抓取物体时需要一定的压力，而在卸料时则需一定的拉力。

（2）摆动式手爪

其特点是在手爪的开合过程中，摆动式手爪的运动状态是绕固定轴摆动的，适合于圆柱表面物体的抓取。活塞杆的移动，通过连杆带动手爪回绕同一轴摆动，完成开合动作。

（3）平动式手爪

平动式手爪采用平行四边形平动机构，特点是手爪在开合过程中，爪的运动状态是平动的。常见的平动式手爪有连杆式圆弧平动式手爪。

（四）仿生多指灵巧手

由于简单的夹钳取料手不能适应物体外形变化，因而无法满足对复杂性状、不同材质物体的有效夹持和操作。为了完成各种复杂的作业和姿势，提高机器人手爪和手腕的操作能力、灵活性和快速反应能力，使机器人手爪像人手一样灵巧是十分必要的。

1. 柔性手

为了能实现对不同外形物体实施表面均匀地抓取，人们研制出了柔性手。柔性手的一端是固定的，另一端是双管合一的柔性管状手爪（自由端）。若向柔性手爪一侧管内填充气体或液体，向另一侧管内抽气或抽液，则会形成压力差，此时柔性手爪就会向抽空侧弯曲。此种柔性手可适用于抓取轻型、圆形物体，如玻璃杯等。

2. 多指灵巧手

尽管柔性手能够完成一些复杂的操作，但是机器人手爪和手腕最完美的形式是模仿人手的多指灵巧手。多指灵巧手有多个手指，每个手指有三个回转关节，每一个关节自由度都是独立控制的，因此，它几乎能模仿人手，完成各种复杂动作，如弹琴、拧螺丝等。

四、机器人的传感器

机器人传感器是指能把智能机器人对内外部环境感知的物理量、化学量、生物量变换为电量输出的装置，智能机器人可以通过传感器实现某些类似于人类的知觉作用。机器人传感器可分为内部检测传感器和外界检测传感器两大类。内部检测传感器安装在机器人自身中，用来感知机器人自身的状态，以调整和控制机器人的行动，常由位置、加速度、速度及压力传感器等组成。外界检测传感器能获取周围环境和目标物状态特征等信息，使机器人与环境之间发生交互作用，从而使机器人对环境有自校正和自适应能力。外界检测传感器通常包括触觉、接近觉、听觉、嗅觉、味觉等传感器。

（一）机器人常用传感器

1. 内部传感器

内部传感器是用来检测机器人本身状态（如手臂间角度）的传感器，多为检测位置和角度的传感器。

（1）位移传感器

按照位移的特征可分为线位移和角位移。线位移是指机构沿着某一条直线运动的距离，角位移是指机构沿某一定点转动的角度。

1）电位器式位移传感器

电位器式位移传感器由一个线绕电阻（或薄膜电阻）和一个滑动触点组成。其中滑动触点通过机械装置受被检测量的控制。当被检测的位置量发生变化时，滑动触点也发生相应位移，从而改变了滑动触点与电位器各端之间的电阻值和输出电压值，根据这种输出电压值的变化，可以检测出机器人各关节的位置和位移量。

2）直线形感应同步器

直线形感应同步器由定尺和滑尺组成。定尺和滑尺间保持一定的间隙，一般为。25mm左右。在定尺上用铜箔制成单向均匀分布的平面连续绕组，滑尺上用铜箔制成平面分段绕组。绕组和基板之间有一厚度为0.1mm的绝缘层，在绕组的外面也有一层绝缘层，为了防止静电感应，在滑尺的外边还粘贴有一层铝箔。定尺固定在设备上不动；滑尺可以在定尺表面来回移动。

3）圆形感应同步器

圆形感应同步器主要用于测量角位移，它由定子和转子两部分组成。在转子上分布着连续绕组，绕组的导片是沿圆周的径向分布的。在定子上分布着两相扇形分段绕组，定子和转子的截面构造与直线形同步器是一样的，为了防止静电感应，在转子绕组的表面粘贴有一层铝箔。

（2）角度传感器

1）光电轴角编码器

光电轴角编码器是采用圆光栅莫尔条纹和光电转换技术将机械轴转动的角度量转换成数字信息量输出的一种现代传感器。作为一种高精度的角度测量设备，光电轴角编码器已广泛应用于自动化领域中。根据形成代码方式的不同，光电轴角编码器分为绝对式和增量式两大类。

绝对式光电编码器由光源、码盘和光电敏感元件组成。光学编码器的码盘是在一个基体上采用照相技术和光刻技术制作的透明与不透明的码区，分别代表二进制码“0”和“1”。对高电平“1”，码盘做透明处理，光线可以透射过去，通过光电敏感元件转换为电脉冲；对低电平“0”，码盘做不透明处理，光电敏感元件接收不到光，为低电平脉冲。光学编码器的性能主要取决于码盘的质量，光电敏感元件可以采用光电二极管、光电晶体管或硅光电池。为了提高输出逻辑电压，光学编码器还需要接各种电压放大器，而且每个轨道对应的光电敏感元件要接一个电压放大器，电压放大器通常由集成电路高增益差分放大器组成。为了减小光噪声的影响，在光路中要加入透镜和狭缝装置，狭缝不能太窄，且要保证所有轨道的光电敏感元件的敏感区都处于狭缝内。增量式编码器的码盘刻线间距均等，对应每一个分辨率区间，可输出一个增量脉冲，计数器相对于基准位置（零位）对输出脉冲进行累加计数，正转则加，反转则减。增量式编码器的优点是响应迅速、结构简单、成本低、易于小型化，目前广泛用于数控机床、机器人、高精度闭环调速系统及小型光电经纬仪中。码盘、敏感元件和计数电路是增量式编码器的主要元件。增量式光电编码器有三条光栅，A相与B相在码盘上互相错半个区域，在角度上相差90°。当码盘以顺时针方向旋转时，A相超前于B相首先导通；当码盘反方向旋转时，A相滞后于B相。码盘旋转方向和转角位置的确定：采用简单的逻辑电路，就能根据A、B相的输出脉冲相序确定码盘的旋转方向；将A相对应敏感元件的输出脉冲送给计数器，并根据旋转方向使计数器作加法计数或减法计数，就可以检测出码盘的转角位置。增量式光电编码器是非接触式的，其寿命长、功耗低、耐振动，广泛应用于角度、距离、位置、转速等的检测中。

2）磁性编码器

磁性编码器是近年发展起来的一种新型编码器，与光学编码器相比，磁性编码器不易受尘埃和结露的影响，具有结构简单紧凑、可高速运转、响应速度快（达500～700kHz）、体积小、成本低等特点。目前磁性编码器的分辨率可达每圈数千个脉冲，因此，其在精密机械磁盘驱动器、机器人等领域旋转量（位置、速度、角度等）的检测和控制中有着广泛的应用。

磁性编码器由磁鼓和磁传感器磁头构成，其中高分辨率磁性编码器的磁鼓会在铝鼓的外缘涂敷一层磁性材料。磁头以前采用感应式录音机磁头，现在多采用各向异性金属磁电阻磁头或巨磁电阻磁头。这种磁头采用光刻等微加工工艺制作，具有精度高、一致性好、结构简单、灵敏度高等优点，其分辨率可与光学编码器相媲美。

（3）加速度传感器

加速度传感器一般有压电式加速度传感器，也称为压电式加速度计，是利用压电效应制成的一种加速度传感器。其常见形式有基于压电元件厚度变形的压缩式加速度传感器，以及基于压电元件剪切变形的剪切式和复合型加速度传感器。

2. 外部传感器

机器人外部传感器是用来检测机器人所处环境（如是什么物体，离物体的距离有多远等）及状况（如抓取的物体是否滑落）的传感器，如触觉传感器、视觉传感器、力觉传感器、接近觉传感器、超声波传感器、听觉传感器等。随着外部传感器的进一步完善，机器人完成的工作将越来越复杂，机器人的功能也将越来越强大。

（1）力或力矩传感器

机器人在工作时，需要有合理的握力，握力太小或太大都不合适。因此，力或力矩传感器是某些特殊机器人中的重要传感器之一。力或力矩传感器的种类很多，有电阻应变片式、压电式、电容式、电感式以及各种外力传感器。力或力矩传感器通过弹性敏感元件将被测力或力矩转换成某种位移量或变形量，然后通过各自的敏感介质把位移量或变形量转换成能够输出的电量。机器人常用的力传感器分为以下三类：

第一，装在关节驱动器上的力传感器，称为关节传感器，可以测量驱动器本身的输出力和力矩，并控制力的反馈。

第二，装在末端执行器和机器人最后一个关节之间的力传感器，称为腕力传感器，可以直接测出作用在末端执行器上的力和力矩。

第三，装在机器人手爪指（关节）上的力传感器，称为指力传感器，用来测量夹持物体时的受力情况。

（2）触觉传感器

触觉是机器人获取环境信息的一种仅次于视觉的重要知觉形式，是机器人实现与环境直接作用的必需媒介。与视觉不同，触觉本身有很强的敏感能力，可直接测量对象和环境的多种性质特征，因此，触觉不仅仅是视觉的一种补充。触觉的主要任务是为获取对象与环境信息和为完成某种作业任务而对机器人与对象、环境相互作用时的一系列物理特征量进行检测或感知。机器人触觉与视觉一样，基本上都是模拟人的感觉，广义上它包括接触觉、压觉、力觉、滑觉、冷热觉等与接触有关的感觉；狭义上它是机械手与对象接触面上的力感觉。触觉是接触、冲击、压迫等机械刺激感觉的综合，可以协助机器人完成抓取工作，利用触觉可以进一步感知物体的形状、软硬等物理性质。目前对机器人触觉的研究，主要集中于扩展机器人能力所必需的触觉功能，一般把检测感知和外部直接接触而产生的接触觉、压力、触觉及接近觉的传感器称为机器人触觉传感器。在机器人中，触觉传感器主要有三方面的作用：

①使操作动作适用，如感知手指同对象物之间的作用力，便可判定动作是否适当，还可以用这种力作为反馈信号，通过调整，使给定的作业程序实现灵活的动作控制。这一作用是视觉无法代替的。②识别操作对象的属性，如规格、质量、硬度等，有时可以代替视觉进行一定程度的形状识别，在视觉无法使用的场合尤为重要。

③用以躲避危险、障碍物等以防事故，相当于人的痛觉。

（3）接近觉传感器

接近觉传感器介于触觉传感器与视觉传感器之间，不仅可以测量距离和方位，而且可以融合视觉和触觉传感器的信息。接近觉传感器可以辅助视觉系统的功能，来判断对象物体的方位、外形，同时识别其表面形状。因此，为准确定位抓取部件，对机器人接近觉传感器的精度要求比较高，接近觉传感器的作用可归纳如下：

①发现前方障碍物，限制机器人的运动范围，以避免与障碍物发生碰撞。

②在接触对象物前得到必要信息，如与物体的相对距离、相对倾角，以便为后续动作做准备。

③获取对象物表面各点间的距离，从而得到有关对象物表面形状的信息。

机器人接近觉传感器具有接触式和非接触式两种测量方法，以测量周围环境的物体或被操作物体的空间位置。接触式接近觉传感器主要采用机械机构完成；非接触接近觉传感器的测量根据原理不同，采用的装置各异。根据采用原理的不同，机器人接近觉传感器可以分为机械式、感应式、电容式、超声波式和光电式等。

（4）滑觉传感器

机器人为了抓住属性未知的物体，必须确定最适当的握力目标值，因此需检测出握力不够时所产生的物体滑动。利用这一信号，在不损坏物体的情况下，能牢牢抓住物体。为此目的设计的滑动检测器，称为滑觉传感器。

（5）视觉传感器

每个人都能体会到眼睛对人来说多么重要，有研究表明，视觉获得的信息占人对外界感知信息的80%。人类视觉细胞数量的数量级大约为10°，是听觉细胞的300多倍，是皮肤感觉细胞的100多倍。视觉分为二维视觉和三维视觉。二维视觉是对景物在平面上投影的传感，三维视觉则可以获取景物的空间信息。

人工视觉系统可以分为图像输入（获取）、图像处理、图像理解、图像存储和图像输出几个部分，实际系统可根据需要选择其中的若干部件。机器人视觉传感器采用的光电转换器件中最简单的是单元感光器件，如光电二极管等；其次是一维的感光单元线阵，如线阵CCD（电荷耦合器件）、PSD（位置敏感器件）；应用最多的是结构较复杂的二维感光单元面阵，如面阵CCD、PSD，它是二维图像的常规传感器件。采用CCD面阵及附加电路制成的工业摄像机有多种规格，选用十分方便。这种摄像机的镜头可更换，光圈可以自动调整，有的带有外部同步驱动功能，有的可以改变曝光时间。CCD摄像机体积小，价格低，可靠性高，是一般机器人视觉的首选传感器件。

（6）听觉传感器

智能机器人在为人类服务的时候，需要能听懂主人的吩咐，即需要给机器人安装耳朵。声音是由不同频率的机械振动波组成的。外界声音使外耳鼓产生振动，随后中耳将这种振动放大、压缩和限幅并抑制噪声，然后经过处理的声音传送到中耳的听小骨，再通过前庭窗传到内耳耳蜗，最后由柯蒂氏器、神经纤维进入大脑。内耳耳蜗充满液体，其中有由30000个长度不同的纤维组成的基底膜，它是一个共鸣器。长度不同的纤维能听到不同频率的声音，因此内耳相当于一个声音分析器。智能机器人的耳朵首先要具有接收声音信号的器官，其次还需要有语音识别系统。在机器人中常用的声音传感器主要有动圈式传感器和光纤式传感器。

（7）味觉传感器

在人类的味觉系统中，舌头表面味蕾上味觉细胞的生物膜可以感受味觉。味觉物质被转换为电信号，经神经纤维传至大脑。味觉传感器与传统的、只检测某种特殊的化学物质的化学传感器不同。目前某些传感器可以实现对味觉的敏感，如pH计可以用于酸度检测、导电计可用于碱度检测、比重计或屈光度计可用于甜度检测等。但这些传感器智能检测味觉溶液的某些物理、化学特性，并不能模拟实际的生物味觉敏感功能，测量的物理值要受到非味觉物质的影响。此外，这些物理特性还不能反应各味觉之间的关系，如抑制效应等。

实现味觉传感器的一种有效方法是使用类似于生物系统的材料做传感器的敏感膜，电子舌是用类脂膜作为味觉传感器，其能够以类似人的味觉感受方式检测味觉物质。从不同的机理看，味觉传感器采用的技术原理大致分为多通道类脂膜技术、基于表面等离子体共振技术、表面光伏电压技术等，味觉模式识别由最初的神经网络模式发展到混沌识别。混沌是一种遵循一定非线性规律的随机运动，它对初始条件敏感。混沌识别具有很高的灵敏度，因此受到越来越广的应用。目前较典型的电子舌系统有新型味觉传感器芯片和SH-SAW味觉传感器。

（二）其他传感器

机器人为了能在未知或实时变化的环境下自主地工作，应具有感受作业环境和规划自身动作的能力。机器人运动规划过程中，传感器主要为系统提供两种信息：机器人附近障碍物的存在信息以及障碍物与机器人之间的距离信息。目前，比较常用的测距传感器有：超声波测距传感器、激光测距传感器和红外测距传感器等。

超声波是一种振动频率高于声波的机械波，是由换能晶片在电压的激励下发生振动而产生的，具有频率高、波长短、绕射现象小，特别是方向性好、能够定向传播等特点。超声波传感器是利用超声波的特性研制而成的。超声波碰到杂质或分界面会产生显著反射形成反射成回波，碰到活动物体能产生多普勒效应。因此，超声波检测广泛应用在工业、国防和生物医学等方面。若以超声波作为检测手段，则必须拥有产生超声波和接收超声波的器件。而完成这种功能的装置就是超声波传感器，习惯上称为超声换能器或超声探头。超声波探头主要由压电晶片组成，它既能发射超声波，也可以接收超声波。小功率超声探头多作探测用，其结构主要由直探头（纵波）、斜探头（横波）、表面波探头（表面波）、兰姆波探头（兰姆波）和双探头（一个探头反射、一个探头接收）等组成。

激光检测的应用十分广泛，其对社会生产和生活的影响也十分明显。激光具有方向性强、亮度高、单色性好等优点，其中激光测距是激光最早的应用之一。激光测距传感器的工作过程：先由激光二极管对准目标发射激光脉冲，经目标物体反射后激光向各方向散射，部分散射光返回到传感器接收器，被光学系统接收后成像到雪崩光电二极管上。雪崩光电二极管是一种内部具有放大功能的光学传感器，因此，它能检测极其微弱的光信号。激光测距传感器的工作原理是记录并处理从光脉冲发出到返回被接收所经历的时间，从而测定目标距离。

红外测距传感器具有一对红外信号发射器与红外接收器，红外发射器通常是红外发光二极管，可以发射特定频率的红外信号。接收管则可接收这种频率的红外信号。红外测距传感器的工作原理：当检测方向遇到障碍物时，红外线经障碍物反射传回接收器，并由接收管接收，据此可判断前方是否有障碍物。根据发射光的强弱可以判断物体的距离，由于接收管接收的光强是随反射物体的距离变化而变化的，因而，距离近则反射光强，距离远则反射光弱。红外信号反射回来被接收管接收，经过处理之后，通过数字接口返回到机器人控制系统，机器人即可利用红外的返回信号来识别周围环境的变化。

另外，还有碰撞传感器、光敏传感器、声音传感器、光电编码器、温度传感器、磁阻效应传感器、霍尔效应传感器、磁通门传感器、火焰传感器、接近开关传感器、灰度传感器、姿态传感器、气体传感器、人体热释电红外线传感器等。

（三）传感系统、智能传感器、多传感器融合

一般情况下传感器的输出并不是被测量本身。为了获得被测量需要对传感器的输出进行处理。此外，得到的被测量信息很少能直接利用。因此，要先将被测量信息处理成所需形式。利用传感器实际输出提取所需信息的机构总体上可称为传感系统。基本的传感器仅是一个信号变换元件，如果其内部还具有对信号进行某些特定处理的机构就称为智能传感器。传感器的智能化得力于电子电路的集成化，高集成度的处理器件使得传感器能够具备传感系统的部分信息加工能力。智能化传感器不仅减小了传感系统的体积，而且可以提高传感系统的运算速度，降低噪声，提高通信容量，降低成本。

机器人系统中使用的传感器种类和数量越来越多。为了有效地利用这些传感器信息，需要对不同信息进行综合处理，从传感信息中获取单一传感器不具备的新功能和新特点，这种处理称为多传感器融合。多传感器融合可以提高传感的可信度、克服局限性。

五、机器人的控制系统

控制系统是工业机器人的重要组成部分，它的功能类似于人脑。机器人要与外围设备协调动作，共同完成作业任务，就必须具备一个功能完善、灵敏可靠的控制系统。工业机器人的控制系统可分为两大部分：一是对自身运动的控制；另一个是与周围设备的协调控制。

工业机器人的运动控制：末端执行器从一点移动到另一点的过程中，工业机器人对其位置、速度和加速度的控制。这些控制都是通过控制关节运动实现的。

（一）机器人控制系统的作用及结构

1. 机器人控制系统的作用

工业机器人控制系统的主要任务是控制机器人在工作空间中的运动位置、姿态和轨迹、操作顺序及动作的时间等项。

2. 机器人控制系统的结构组成

工业机器人的控制系统主要包括硬件部分和软件部分。

硬件部分主要由传感装置、控制装置和关节伺服驱动部分组成。传感装置用来检测工业机器人各关节的位置、速度和加速度等，即感知其本身的状态，可称为内部传感器，而外部传感器就是所谓的视觉、力觉、触觉、听觉、滑觉等传感器，它们能感

受外部工作环境和工作对象的状态。控制装置能够处理各种感觉信息、执行控制软件，也能产生控制指令，通常由一台计算机及相应接口组成。关节伺服驱动部分可以根据控制装置的指令，按作业任务要求驱动各关节运动。机器人控制系统的典型硬件结构，它有两级计算机控制系统，其中CPU用来进行轨迹计算和伺服控制，以及作为人机接口和周边装置连接的通信接口；CPU2用来进行电流控制。

机器人系统由于存在非线性、耦合、时变等特征，完全的硬件控制一般很难使其达到最佳状态，或者说，为了完善系统需要的硬件十分复杂，而采用软件的方法可以达到较好的效果。计算机控制系统的软件主要是控制软件，它包括运动轨迹规划算法和关节伺服控制算法及相应的动作程序。软件编程语言多种多样，但主流是采用通用模块编制的专用机器人语言。

（二）位置和力控制系统结构

1. 位置控制的作用

许多机器人的作业是控制机械手末端执行器的位置和姿态，以实现点到点的控制（PTP控制，如搬运、点焊机器人）或连续路径的控制（CP控制，如孤焊、喷漆机器人），因此实现机器人的位置控制是机器人的最基本的控制任务。

2. 位置控制的方式

机器人末端从某一点向下一点运动时，根据控制点的关系，机器人的位置控制分为点位（Pointto Point，PTP）控制和连续轨迹（Continuous Path，CP）控制两种。PTP控制方式可以实现点的位置控制，对点与点之间的轨迹没有要求，这种控制方式的主要指标是定位精度和运动所需要的时间；而CP控制方式则可指定点与点之间的运动轨迹（指定为直线或者圆弧等），其特点是连续地控制工业机器人末端执行器在作业空间中的位姿，要求其严格按照预定的轨迹和速度在一定的精度要求内运行，且速度可控、轨迹光滑、运动平稳，这种控制方式的主要指标是轨迹跟踪精度即平稳性。对于起落操作等没有运动轨迹要求的情况，采用PTP控制就足够了，但对于喷涂和焊接等具有较高运动轨迹的操作，必须采用CP控制。若能在运动轨迹上多取一些示教点那么也可以用PTP控制来实现轨迹控制，但示教工作量很大，需要花费很多的时间和劳动力。

3. 力控制的作用

对于一些更复杂的作业，有时采用位置控制成本太高或不可用，则可采用力控制。在许多情况下，操作机器的力或力矩控制与位置控制具有同样重要的意义。对机器人机械手进行力控制，就是对机械手与环境之间的相互作用力进行控制。力控制主要分为以位移为基础的力控制、以广义力为基础的力控制，以及位置和力的混合控制等。

（1）以位移为基础的力控制

以位移为基础的力控制就是在位置闭环之外加上一个力的闭环，力传感器检测输出力，并与设定的力目标值进行比较，力值误差经过力／位移变化环节转换成目标位移，参与位移控制。这种控制方式中，位移控制是内环，也是主环，力控制则是外环。这种方式结构简单，但因为力和位移都在同一个前向环节内施加控制，所以很难使力和位移得到较为满意的结果。力／位移变换环节的设计需知道手部的刚度，如果刚度太大，那么即使是微量位移也可导致大的力变化，严重时还会造成手部破坏，因此为了保护系统，需要使手部具有一定的柔性。

（2）以广义力为基础的力控制

以广义力为基础的力控制就是在力闭环的基础上加上位置闭环。通过传感器检测手部的位移，经位移／力变换环节转换为输入力，与力的设定值合成之后作为力控制的给定量。这种方式与以位移为基础的力控制相比，可以避免小位移变化引起大的力变化，因此对手部具有保护功能。

（3）位置和力的混合控制

位置和力的混合控制是采用两个独立的闭环来分别实施力和位置控制。这种方式采用独立的控制回路可以对力和位置实现同时控制。在实际应用中，并不是所有的关节都需要进行力控制，应该根据机器人的具体结构和实际作业工况来确定哪些关节需要力控制，哪些需要位置控制。对同一机器人来说，不同的作业状况，需要控制力的关节也会有所不同，因此，通常需要由选择器来控制。

（三）刚性控制

如果希望在某个方向上遇到实际约束，那么这个方向的刚性应当降低，以保证有较低的结构应力；反之，在某些不希望碰到实际约束的方向上，则应加大刚性，这样可使机械手紧紧跟随期望轨迹，这样就能够通过改变刚性来适应变化的作业要求。

六、机器人的编程

机器人是一种自动化的机器，该类机器应该具备与人或生物相类似的智能行为，如动作能力、决策能力、规划能力、感知能力和人机交互能力等。机器人要想实现自动化需要人为事先输入它能够处理的代码程序，即要想控制机器人，需要在控制软件中输入程序。控制机器人的语言可以分为以下几种：机器人语言，指计算机中能够直接处理的二进制表示的数据或指令；自然语言，类似于人类交流使用的语言，常用来表示程序流程；高级语言，介于机器人语言和自然语言之间的编程语言，常用来表示算法。

伴随着机器人的发展，机器人语言也相应得到了发展和完善。机器人语言已成为机器人技术的一个重要部分。机器人的功能除了依靠机器人硬件的支持外，相当一部分依赖机器人语言来完成。早期的机器人由于功能单一，动作简单，可采用固定程序或示教方式来控制机器人的运动。随着机器人作业动作的多样化和作业环境的复杂化，依靠固定的程序或示教方式已满足不了要求，必须依靠能适应作业和环境随时变化的机器人语言编程来完成机器人的工作。

机器人语言品种繁多，而且新的语言层出不穷。这是因为机器人的功能不断拓展，需要新的语言来配合其工作。此外，机器人语言多是针对某种类型的具体机器人而开发的，所以机器人语言的通用性很差，几乎一种新的机器人问世，就有一种新的机器人语言出现来与之配套。机器人语言可以按照其作业描述水平的程度分为动作级编程语言、对象级编程语言和任务级编程语言三类。

（一）动作级编程语言

动作级编程语言是最低一级的机器人语言。它以机器人的运动描述为主，通常一条指令对应机器人的一个动作，表示从机器人的一个位姿运动到另一个位姿。动作级编程语言的优点是比较简单，编程容易。其缺点是功能有限，无法进行繁复的数学运算，不接受浮点数和字符串，子程序不含有自变量；不能接受复杂的传感器信息，只能接受传感器开关信息；与计算机的通信能力很差。典型的动作级编程语言为VAL语言，如VAL语言语句“MOVETO（destination）”的含义为机器人从当前位姿运动到目的位姿。动作级编程语言编程时分为关节级编程和末端执行器级编程两种。

第一，关节级编程是以机器人的关节为对象，编程时给出机器人一系列各关节位置的时间序列，在关节坐标系中进行的一种编程方法。对于直角坐标型机器人和圆柱坐标型机器人，由于直角关节和圆柱关节的表示比较简单，这种方法编程较为适用；而对具有回转关节的关节型机器人，由于关节位置的时间序列表示困难，即使一个简单的动作也要经过许多复杂的运算，故这一方法并不适用。关节级编程可以通过简单的编程指令来实现。

第二，末端执行器级编程在机器人作业空间的直角坐标系中进行。它在直角坐标系中给出机器人末端执行器一系列位姿组成的位姿时间序列，连同其他一些辅助功能如力觉、触觉、视觉等的时间序列，同时确定作业量、作业工具等，协调地进行机器人动作的控制。

动作级编程语言的特点：允许有简单的条件分支，有感知功能，可以选择和设定工具，有时还有并行功能，并且数据实时处理能力强。

（二）对象级编程语言

所谓对象，就是作业及作业物体本身。对象级编程语言是比动作级编程语言高一级的编程语言，它不需要描述机器人手抓的运动，只要由编程人员用程序的形式给出作业本身顺序过程的描述和环境模型的描述，即描述操作物与操作物之间的关系。通过编译程序机器人即能知道如何动作。典型例子有AML及AUTOPASS等语言。对象级编程语言的特点：

①具有动作级编程语言的全部动作功能。②有较强的感知能力，能处理复杂的传感器信息，可以利用传感器信息来修改、更新环境的描述和模型，也可以利用传感器信息进行控制、测试和监督。③具有良好的开放性，语言系统提供了开发平台，用户

可以根据需要增加指令，扩展语言功能。④数字计算和数据处理能力强，可以处理浮点数，能与计算机进行即时通信。

对象级编程语言用接近自然语言的方法描述对象的变化。对象级编程语言的运算功能、作业对象的位姿时序、作业量、作业对象承受的力和力矩等都可以表达式的形式得以体现。系统中机器人尺寸、作业对象及工具等参数一般以知识库和数据库的形式存在，系统编译程序时获取这些信息后对机器人动作过程进行仿真，再进行实现作业对象合适的位姿，获取传感器信息并处理，回避障碍以及与其他设备通信等工作。

（三）任务级编程语言

任务级编程语言是比前两类更高级的一种语言，也是最理想的机器人高级语言。这类语言不需要用机器人的动作来描述作业任务，也不需要描述机器人对象物的中间状态过程，只需要按照某种规则描述机器人对象物的初始状态和最终目标状态，机器人语言系统即可利用已有的环境信息和知识库、数据库自动进行推理和计算，从而自动生成机器人详细的动作、顺序和数据。例如，一装配机器人欲完成某一螺钉的装配，螺钉的初始位置和装配后的目标位置已知，当发出抓取螺钉的命令时，语言系统从初始位置到目标位置之间寻找路径，在复杂的作业环境中找出一条不会与周围障碍物产生碰撞的合适路径，在初始位置处选择恰当的姿态抓取螺钉，沿此路径运动到目标位置。在此过程中，作业中的一系列状态，作业方案的设计、工序的选择、动作的前后安排等一系列问题都由计算机自动完成。

任务级编程语言的结构十分复杂，需要人工智能的理论基础和大型知识库、数据库的支持，目前还不是十分完善，是一种理想状态下的语言，有待于进一步的研究。但可以相信，随着人工智能技术及数据库技术的不断发展，任务级编程语言必将取代其他语言成为机器人语言的主流，使机器人的编程应用变得十分简单。

根据机器人控制方法的不同，所用的程序设计语言也有所不同，目前比较常用的程序设计语言是C语言。

七、机器人技术的发展趋势

从机器人研究的发展过程来看，机器人的发展潮流可分为人工智能机器人与自动装置机器人两种。前者着力于实现有知觉、有智能的机械；后者着力于实现目的，研究重点在于动作的速度和精度，各种作业的自动化。智能机器人系统由指令解释、环境认识、作业计划设计、作业方法决定、作业程序生成与实施、知识库等环节及外部各种传感器和接口等组成。智能机器人的研究与现实世界的关系很大，也就是说，不仅与智能的信息处理有关，还与传感器收集现实世界的信息和据此机器人做出的动作有关。此时，信息的输入、处理、判断、规划必须互相协调，以使机器人选择合适的动作。

考虑到机器人是根据人的指令进行工作的，则不难理解以下三点对机器人的操作是至关重要的：

第一，正确地理解人的指令，并将其自身的情况传达给人，并从人身上获得新的知识、指令和教益（人一机关系）。

第二，了解外界条件，特别是工作对象的条件，识别外部世界。

第三，理解自身的内部条件（例如机器人的臂角），识别内部世界。

上述第三项是相当容易的，因为它是伺服系统的基础，在各种自动机床或第一代机器人中已经实现。对于具有感觉的第二代机器人（自适应机器人），有待解决的主要技术问题是对外界环境的感觉，根据得到的外界信息适当改变自身动作。对于像玻璃那样透明的物体以及像餐刀那样带有镜面反射的物体，均是人工视觉很难解决的问题。此外，对于基于模式的操纵来说，像纸、布一类薄而形状不规则的物件也相当难以处理。总之，如何将几何模型忽略的一些物理特征（如材质、色泽、反光性等）予以充分利用，是提高智能机器人认识周围环境水平的一个重要研究内容。

第三代机器人也称智能机器人，从智能机器人所应具有的知识着眼，最主要的知识是构成周围环境物体的各种几何模型，从几何模型的不同性质（如形状、惯性矩）分类，定出其阈值。搜索时逐次逼近，以求得最为接近的模型。这种以模型为基础的视觉和机器人学是今后智能机器人研究的一个重要内容。

但目前对智能机器人还没有一个统一的定义。也就是说，在软件方面，究竟什么是机器人的智能，它的智力范围应有多大，目前尚无定论；硬件方面，采用哪一类的传感器，采用何种结构形式或材料的手臂、手抓、躯干等的机器人才是智能机器人所应有的外表，至少在目前尚无人涉及。但是，将上述第二项功能扩大到三维自然环境，并建立第一项中提到的联络（通信）功能，将是第三代机器人研究的一个重要课题。第一代、第二代机器人与人的联系基本上是单向的，第三代机器人与人的关系如同人类社会中的上、下级关系，机器人是下级，它听从上级的指令，当它不理解指令的意义时，就向上级询问，直至完全明白为止（问答系统）。当数台机器人联合操作时，每台机器人之间的分工合作以及彼此间的联系也是很重要的，由于机器人对自然环境知识贫乏，因此，最有效的方法是建立人一机系统，以完成不能由单独的人或单独的机器人所能胜任的工作。①

第二节　机电一体化设备故障诊断技术

“中国制造2025”指出：“在智能装备领域，一些企业推出跨品牌、跨终端的智慧操作系统，提供产品无故障运转监测、智能化维保服务。”在现代化生产中，机电设备的故障诊断技术越来越受到重视，由于结构的复杂性和大功率、高负荷的连续运转，设备在工作过程中，随着时间的增长和内外部条件的变化，不可避免地会发生故

① 候玉叶，王赟，晋成龙．机电一体化与智能应用研究［M］．长春：吉林科学技术出版社，2022.

障。如果某台设备出现故障而又未能及时发现和排除，其结果轻则降低设备性能，影响生产，重则停机停产，毁坏设备，甚至造成人员伤亡。国内外曾经发生的各种空难、海难、断裂、倒塌、泄漏等恶性事故，都造成了人员的巨大伤亡和严重的经济损失与社会影响。及时发现故障和预测故障并保证设备在工作期间始终安全、高效、可靠地运转是当务之急，而故障诊断技术为提高设备运行的安全性和可靠性提供了一条有效的途径。但由于故障的随机性、模糊性和不确定性，其形成往往是众多因素造成的结果，且各因素之间的联系又十分复杂，这种情况下，用传统的故障诊断方法已不能满足现代设备的要求，因此必须采用智能故障诊断等先进技术，以便及时发现故障，给出故障信息，并确定故障的部位、类型和严重程度，同时自动隔离故障；预测设备的运行状态、使用寿命、故障的发生和发展；针对故障的不同部位、类型和程度，给出相应的控制和处理方案，并进行技术实现；自动对故障进行削弱、补偿、切换、消除和修复，以保证设备出现故障时的性能尽可能地接近原来正常工作时的性能，或以牺牲部分性能指标为代价来保证设备继续完成其规定的功能。可见，对于连续生产机电一体化系统，故障诊断具有极为重要的意义。

一、设备故障诊断基本知识

（一）设备故障及故障诊断的含义

随着现代化工业的发展，设备能否安全可靠地以最佳状态运行，对于确保产品质量、提高企业生产能力、保障安全生产都具有十分重要的意义。

设备的故障就是指设备在规定时间内、规定条件下丧失规定功能的状况，通常这种故障是从某一零部件的失效引起的。从系统观点来看，故障包括两层含义：一是系统偏离正常功能，它的形成原因主要是因为系统的工作条件不正常而产生的，通过参数调节，或零部件修复又可恢复正常；二是功能失效，是指系统连续偏离正常功能，且其程度不断加剧，使机电设备的基本功能不能保证。

任何零部件都是有它的寿命周期的，世界上不存在永久不坏的部件，因而设备的故障是客观必然存在的，如何有效地提高设备运行的可靠性，及时发现和预测出故障的发生是十分必要的，这正是加强设备管理的重要环节。设备从正常到故障会有一个发生、发展的过程，因此对设备的运行状况应进行日常的、连续的、规范的工作状态的检查和测量，即工况监测或称状态监测，它是设备管理工作的一部分。

设备的故障诊断则是发现并确定故障的部位和类型，寻找故障的起因，预报故障的趋势并提出相应的对策。

设备状态监测及故障诊断技术是从机械故障诊断技术基础上发展起来的。所谓“机械故障诊断技术”就是指在基本不拆卸机械的情况下，于运行当中就掌握其运行状态，即早期发现故障，判断出故障的部位和原因，以及预报故障的发展趋势。

在现代化生产中，机电设备的故障诊断技术越来越受到重视，如果某一零部件或设备出现故障而又未能及时发现和排除，其结果不仅可能导致设备本身损坏，甚至可能造成机毁人亡的严重后果。在流程生产系统中，如果某一关键设备因故障而不能继续运行，往往会导致整个流程生产系统不能运行，从而造成巨大的经济损失。因此，对流程生产系统进行故障诊断具有极为重要的意义，例如电力工业的汽轮发电机组，冶金、化工工业的压缩机组等。在机械制造领域中，如柔性制造系统、计算机集成制造系统等，故障诊断技术也具有相同的重要性。这是因为故障的存在可能导致加工质量降低，使整个机器产品质量不能得到保证。

设备故障诊断技术不仅在设备使用和维修过程中使用，而且在设备的设计、制造过程中也要为今后它的监测和维修创造条件。因此，设备故障诊断技术应贯穿到机电一体化设备的设计、制造、使用和维修的全过程。

（二）设备故障诊断技术的发展历史

设备故障诊断技术的发展与设备的维修方式紧密相连。人们将故障诊断技术按测试手段分为六个阶段，即感官诊断、简易诊断、综合诊断、在线监测、精密诊断和远程监测。若从时间上考察，可把20世纪60年代以前、60至80年代和80年代以后的故障诊断技术进行概括。在20世纪60年代以前，人们往往采用事后维修（不坏不修）和定期维修，但所定的时间间隔难以掌握，过度维修和突发停机（没到维修期、设备已发生故障）事故时有发生，鉴于这些弊端，美国军方在20世纪60年代，改定期维修为预知维修，也就是定期检查，视情（视状态）维修。这种主动维修的方式很快被许多国家和其他行业所效仿，设备故障诊断技术也因此很快发展起来。

20世纪60年代至80年代是故障诊断技术迅速发展的年代，那时把诊断技术分为简易诊断和精密诊断两类，前者相当于状态监测，主要回答设备的运行状态是否正常，后者则要能定量掌握设备的状态，了解故障的部位和原因，预测故障对设备未来的影响。对于回转设备，现场常用的诊断方法以振动法较多，其次是油一磨屑分析法，对于低速、重载往复运动的设备，振动诊断比较困难，而油一磨屑分析技术比较有效。此外，在设备运行中都会产生机械的、温度的、噪声的以及电磁的种种物理和化学变化，如振动、噪声、力、扭矩、压力、温度、功率、电流、声光等。这些反映设备状态变化的信号均有其各自的特点，一般情况下，一个故障可能表现出多个特征信息，而一个特征信息往往又包含在几种状态信息之中。那么除振动法和油一磨屑分析法之外，其他实用的诊断方法还有声响法、压力法、应力测定法、流量测定法、温度分布法（红外诊断技术）、声发射法（Acoustic Emlssion，AE）等。这些诊断方法所用仪器简便、讲求实效，同时，可反映设备故障的特征信息，从信息处理技术角度出发，通过利用信号模型，直接分析可测信号，提取特征值，从而检测出故障。既然一个设备故障，往往包含在几种状态信息之中，因此利用各种诊断方法对一个故障进行综合分析和诊断就显得十分有必要，如同医生诊断病人的疾患一样，要尽可能多地调动多种诊断、测试方法，从各个角度、各个方面进行分析、判断，以得到正确的诊断结论。此外各种状态信息都是通过一些测试手段获得的，各种测量误差无一例外地要加杂进去，对这些已获得的信号如何进行处理，以便去伪存真、提高设备故障诊断的确诊率也是十分重要的。把现代信号处理理念和技术引入设备管理和设备故障诊断是当今的热门。常用的信号模型有相关函数、频谱自回归滑动平均、小波变换等。从可测信号中提取的特征值常用的有方差、幅度、频率等。

以信息处理技术为基础，构成了现代设备故障诊断技术。20世纪80年代中期以后，人工智能理论得到迅猛发展，其中专家系统很快被应用到故障诊断领域。以信息处理技术为基础的传统设备故障诊断技术向基于知识的智能诊断技术方向发展，不断涌现出许多新型的状态监测和故障诊断方法。

（三）设备诊断的国家政策及经历过程

1. 设备诊断的国家政策

1983年1月，国家经委发布的《国营工业交通企业设备管理试行条例》，就汲取了国外经验，明确提出要“根据生产需要，逐步采用现代故障诊断和状态监测技术，发展以状态监测为基础的预防维修体制”“应该从单纯的以时间周期为基础的检修制度，逐步发展到以设备的实际技术状态为基础的检修制度。不仅要看设备运转了多长时间，还要看设备的实际使用状态和实际技术状况，实际利用小时和实际负荷状况，以确定设备该不该修。也就是说，要从静态管理发展到动态管理。这就要求我们采用一系列先进的仪器来诊断设备的状况，通过检查诊断来确定检修的项目”。

2. 我国开展设备诊断的经历过程

我国工业交通企业设备诊断从1983年起步，迄今已有三十多年，不仅获得了较好的效益，而且也接近了当代世界的先进水平，整个历程大致可分为五个阶段，分别如下：

（1）1983年至1985年：准备阶段

这一阶段的标志是从1983年国家经委《国营工业交通企业设备管理试行条例》的发布，和同年中国机械工程学会设备维修专业委员会在南京会议上提出的“积极开发和应用设备诊断技术为四化建设服务”开始，包括学习国外经验，开展国内调研，制订初步规划，在部分企业试点等。与此同时还积极参加国际交流、邀请外国专家来华讲授，从而建立了一批既有理论知识也有工作经验的骨干队伍。此时期的主要困难是手段不足，仪器主要依靠进口，由于实际经验不多，尚缺乏对复杂问题的处理能力，因而在企业创立的信誉较低。

（2）1986年至1989年：实施阶段

这一阶段的标志是从1985年国家经委在上海召开的“设备诊断技术应用推广大会”开始，由于经历了两年的准备、工作试点，取得了初步成效，在企业界开始了较大规模的投入，从而使得设备诊断进入到一个活跃时期。不仅中国机械工程学会、中国振动工程学会和中国设备管理协会的诊断技术委员会先后成立，并给予大家有力支持，而且在石化、电力、冶金、机械和核工业等行业也都建立了专委会或协作网，在辽宁、天津、北京和上海等地还建立了地区组织，1986年沈阳国际机械设备诊断会议召开后，还促进了仪器厂家对诊断仪器的开发研制。此时期的主要问题是尽管设备诊断在重点企业多已开展起来，但在不少一般企业推广得还不够，而且重点企业和一般企业的工作水平也相差很大。

（3）1990年至1995年：普及提高阶段

这一阶段的标志是从1989年设备维修分会在天津召开的“数据采集器和计算机辅助设备诊断研讨会”开始。由于“数据采集器”是普及点检定修的重要手段，而“计算机诊断”又是向高水平迈进的必要手段，因此两者的结合标志着设备诊断技术向普及和提高的新阶段迈进。这个时期的科研成果层出不穷，一些专家的成就已接近了当代世界水平。原来发展较慢的行业，例如有色、铁路、港口、建材和轻纺等相继赶了上来。每年国内都有不少论文被选入国际会议，而在国内的书刊杂志出版上也有改进，由西安交大和冶金工业出版社发行的系列专业诊断技术丛书，亦开始面市。

（4）1996年至2000年：工程化、产业化阶段

这一阶段的标志是从1996年10月中国设备管理协会在天津成立设备诊断工程委员会，并提出了“学术化、工程化、产业化和社会化，向设备诊断工程要效益的工作方法”，针对国内的机制转换、体制改革和国外CIMS系统的发展，需要从系统工程、信息工程、控制工程和市场经济学的大系统角度来处理众多的诊断问题。即从设备综合管理的角度，把设备诊断作为一个工程产业，实施产、学、研三结合。在此观念下，中设协一方面组织了石化、冶金、电力、铁路等部门进行编制规划，一方面开发了EGK-III设备诊断工程软件库里振动、红外和油液三个软件包，在此形势下，国内诊断仪器的生产厂、科研所、代理商比过去增长很多。这一阶段存在的问题是缺乏统一规划和协调。

（5）2001年至今：传统诊断与现代诊断并存阶段

我国自进入21世纪以来，由于世界高新科技的发展极为迅速，国际学术交流分外活跃，仪器厂家系列产品不断推陈出新，从而有力地推进了诊断工作，无论在理论上还是实践上，都进入了一个新的历史阶段。在这个时期内，一方面，一些经得起时间考验，并早已为人所熟练应用的传统诊断技术，如简易诊断和精密诊断等，仍在相当广阔的领域继续发挥着其重要作用；另一方面，有相当一些在高科技推进下产生的现代诊断技术进入了国内科研生产领域，其中包括近年应用颇显成效的模糊诊断、神经网络、小波分析、信息集成与融合等，还有令人重视的虚拟及智能技术、分布式及网络监测诊断系统等，这些可以称为正在发展的现代诊断技术，正在与传统诊断技术并肩齐进、互为补充，呈现出诊断工程界百花齐放的大好局面。

二、设备故障诊断类型及特点

（一）故障的分类

故障的类型因故障性质、状态不同分类如下：按工作状态分有间歇性故障和永久性故障；按故障程度分有局部功能失效形成的故障和整体功能失效形成的故障；按故障形成速度分有急剧性故障和渐进性故障；按故障程度及形成速度分有突发性故障和缓变性故障；按故障形成的原因分有操作或管理失误形成的故障和机器内在原因形成的故障；按故障形成的后果分有危险的故障和非危险的故障；按故障形成的时间分有早期故障、随时间变化的故障和随机性故障。这些故障类型相互交叉，且随着故障的发展，可从一种类型转为另一种类型。

（二）故障诊断方法的分类

由于目前人们对故障诊断的理解不同，各工程领域都有其各自的方法，概括起来有以下三方面：第一，按诊断环境分有离线人工分析、诊断和在线计算机辅助监视诊断，二者要求有很大差别。第二，按检测手段分有：

振动检测诊断法，以机器振动作为信息源，在机器运行过程中，通过振动参数的变化特征判别机器的运行状态；

噪声检测诊断法，以机器运行中的噪声作为信息源，在机器运行过程中，通过噪声参数的变化特征判别机器的运行状态，但易受环境噪声影响；

温度检测诊断法，以可观测的温度作为信息源，在机器运行过程中，通过温度参数的变化特征判别机器的运行状态；

压力检测诊断法，以机械系统中的气体、液体的压力作为信息源，在机器运行过程中，通过压力参数的变化特征判别机器的运行状态；

声发射检测诊断法，金属零件在磨损，变形，破裂过程中产生弹性波，以此弹性波为信息源，在机器运行过程中，分析弹性波的频率变化特征判别机器的运行状态；

润滑油或冷却液中金属含量分析诊断法，在机器运行过程中，以润滑油或冷却液中金属含量的变化，判别机器的运行状态；

金相分析诊断法，某些运动的零件，通过对其表面层金属显微组织，残余应力，裂纹及物理性质进行检查，研究变化特征，判别机器设备存在的故障及形成原因。

第三，按诊断方法原理分有：

频域诊断法，应用频谱分析技术，根据频谱特征的变化判别机器的运行状态及故障；

时域分析法，应用时间序列模型及其有关的特性函数，判别机器的工况状态的变化；

统计分析法，应用概率统计模型及其有关的特性函数，实现工况状态监测与故障诊断；

信息理论分析法，应用信息理论建立的特性函数，进行工况状态分析与故障诊断；

模式识别法，提取对工况状态反应敏感的特征量构成模式矢量，设计合适的分类器，判别工况状态；

其他人工智能方法，如人工神经网络、专家系统等新发展的研究领域。

上述方法是从应用方面考虑的，就学科角度而言，它们是交叉的，例如许多统计方法都包括在统计模式识别范畴之内。

（三）故障诊断的特点

机电一体化设备运行过程是动态过程，其本质是随机过程。此处“随机”一词包括两层含义：一是在不同时刻的观测数据是不可重复的。说现在时刻机器的工作状态和过去某时刻没有变化只能理解为其观测值在统计意义上没有显著差别；二是表征机器工况状态的特征值不是不变的，而是在一定范围内变化的。即使同型号设备，由于装配、安装及工作条件上的差异，也往往会导致机器的工况状态及故障模式改变。因此，研究工况状态必须遵循随机过程的基本原理。

从系统特性来看，除了前述诸如连续性、离散性、间歇性、缓变性、突发性、随机性、趋势性和模糊性等一般特性外，机电设备都由成百上千个零部件装备而成，零部件间相互耦合，这就决定了机电设备故障的多层次性。一种故障可能由多层次故障原因所构成。故障与现象之间没有简单的对应关系，上述所列举的故障诊断方法，由于只从某一个侧面去分析而做出判断，因而很难做出正确的决策。因此，故障诊断应该从随机过程出发，运用各种现代化科学分析工具，综合判断设备的故障现象属性、形成及其发展。

三、基于知识的故障诊断方法

基于知识的故障诊断方法，不需要待测对象精确的数学模型，具有智能特性，目前这种故障诊断方法主要有：专家系统故障诊断方法、模糊故障诊断方法、神经网络故障诊断方法、信息融合故障诊断方法、基于Agent故障诊断方法等。

（一）专家系统故障诊断方法

所谓专家系统故障诊断方法，是指计算机在采集被诊断对象的信息后，综合运用各种专家经验，进行一系列的推理，以便快速地找到最终故障或最有可能的故障，再由用户来证实。此种方法国内外已有不少应用实例。专家系统由知识源、推理机、解释系统、人机接口等部分组成。

1. 知识源

包括知识库、模型库和数据库等。

知识库：是专家知识、经验与书本知识、常识的存储器。

模型库：存储着描述分析对象的状态和机理的数学模型。

数据库：存有被分析对象实时检测到的工作状态数据和推理过程中所需要的各种信息。

2. 推理机

根据获取的信息，运用各种规则进行故障诊断，并输出诊断结果。推理机的推理策略有以下三种：

正向推理：由原始数据出发，运用知识库中专家的知识，推断出结论。

反向推理：即先提出假设的结论，然后逐层寻找支持这个结论的证据和方法。

正反向混合推理：一般采用“先正后反”的途径。

3. 解释系统

回答用户询问的系统。如显示推理过程、解释计算机发出的指示等。

4. 人机接口

人机接口是故障诊断人员与系统的交接点。美国西屋公司于20世纪80年代中期推出的过程控制系统PDS，是利用汽轮机专家建立的知识规则库，采用基于规则的正向推理方式，到1990年，该系统规则库已扩展到1万多条。日本三菱重工研制的机械状态监测系统MHMS经历了8～10年的研制历程，目前正在与系统配置以规则型知识与框架型知识相结合的Master推理机制，并开发利用决策树及模糊逻辑分析各种置信度的故障诊断专家系统。

（二）模糊故障诊断方法

所谓“模糊”，是指一种边界不清楚，在质上没有确切的含义，在量上又没有明确界限的概念，磨损状态的转变，正是典型的、带有明显中介过渡性的模糊现象。

（三）人工神经网络故障诊断方法

人工神经网络源于1943年是模仿人的大脑神经元结构特性建立起来的一种非线性动力学网络系统，它由大量简单的非线性处理单元（类似人脑的神经元）高度并联、互联而成。由于故障诊断的核心技术是故障模式识别，而人工神经网络本身具有信息处理的特点，如并行性、自学习、自组织性、联想记忆功能等，所以能够解决传统模式识别方法不能解决的问题。

人工神经网络工作过程由学习期和工作期两个阶段组成。

学习期：包括输入样本；对输入数据进行归一化处理，得到标准输入样本；初始化权值和阈值；计算各个隐层的输出和输出层的输出值；比较输出值和期望值；调整权值；使用递归算法从输出层开始逆向传播误差直到第一隐层，再比较输出值和期望值，直至满足精度要求，形成在一定的标准模式样本的基础上，依据一定的分类规则来设计神经网络分类器。

工作期：又称诊断过程，是将待诊断对象的信息与网络学习期建立的分类器进行比较，以诊断待诊断对象所处的状态（故障类别）。在比较之前还应对由诊断对象获取的信息进行预处理，用于故障诊断的分类器，常用的有BP网络、双向联想记忆网络

(BAM)、自适应共振理论(ART)、自组织网络(SOM)等。

人工神经网络对于给定的训练样本能够较好地实现故障模式表达,也可以形成所要求的决策分类区域,然而,它的缺点也是明显的,训练需要大量的样本,当样本较少时,效果不理想。忽视了领域专家的经验知识,网络权值表达方式也难以理解。

(四)信息融合故障诊断方法

信息融合就是利用计算机,对来自多传感器的信息按一定的准则加以自动分析综合的数据处理过程,以完成所需要的决策和判定。信息融合应用于故障诊断原因有三:一是多传感器形成了不同通道的信号;二是同一信号形成不同的特征信息;三是不同诊断途径得出了有偏差的诊断结论,使得人们不得不以信息融合提高诊断的准确率。

(五)基于Agent故障诊断方法

Agent是一种具有自主性、反应性、主动性等特征,并基于软、硬件结合的计算机系统,故障诊断的Agent系统,是将多个Agent组合起来,设计出一组分工协作的Agent大系统。包括故障信号码检测、特征信息的提取,故障诊断Agent的刻画,Agent系统的管理、控制和各Agent之间的通信与协作,等等。

四、设备故障诊断内家和流程

机电设备的故障诊断从20世纪60年代以前的“单纯故障排除”,发展到以动态测试技术为基础,以工程信号处理为手段的现代设备诊断技术,自20世纪80年代中期以后又发展为以知识处理为核心,信号处理与知识处理相融合的智能诊断技术。

在各种诊断方法中,以振动信号为基础的诊断约占60%,以油一磨屑分析为基础的诊断约占12%。就大型机电设备而言,故障诊断技术主要研究故障机理、故障特征提取方法、诊断推理方法,从而构造出最有效的故障样板模式,以做出诊断决策。

比较待检模式与样板模式状态识别的过程,是模式识别的过程。模式识别不仅仅是简单的分类,还包括对事件的描述、判断和综合,以及通过对大量信息的学习,判断和寻找事件规律。在模式识别中,特征提取的任务是从原始的样本信息中,寻找最有效的、最适于分类的特征。只有选取合适的特征提取方法,提高故障特征的信息含量,才能通过故障诊断准确地把握机电设备的运行状态。

设备诊断技术发展很快,可归纳为以下四项基本技术:

信号检测:这是设备故障诊断的基础和依据,能否根据不同的诊断目的,真实、充分地检测到反映设备状态的信号,是设备诊断技术的关键。

信号处理技术:既然检测到的信号属物理信号,那么误差和环境干扰就不可避免的存在。如何去伪存真,精化故障特征信息是信号处理技术的根本目的,这个过程也是特征提取的过程。模式识别技术:比较待检对象所处模式与样板模式,是模式识别的过程;确定设备是否存在故障,故障的原因、部位、严重程度是模式识别的根本任务。

预测技术：这是对未发生或目前还不够明确的设备状态进行预估和推测，以判断故障可能的发展过程和对设备的劣化趋势及剩余寿命做出预测。

五、设备故障诊断的发展趋势

研究机电一体化设备的故障是较为复杂的过程且持续时间较长，在提取故障信息中，需要把较多的非故障因素转变成信号能量，但是故障趋势信息也可能会被非故障变化信息掩盖，使其工作人员产生一定的误解。一般所使用的传统性的方式具有较为严重的不确定性，对传统基于能量的振动级值及功率谱变化，不能完全吻合机电一体化设备的健康状态变化。机电设备故障趋势特征的分析是带有一定困难性的，同时又伴随着非故障状态特征的扰乱视线，使其两者的研究问题逐渐难以分离，因此工作技术人员采用故障趋势特征提取算法进行解决，可以在很大程度上解决非故障能量变化信息对研究机电设备故障预警所带来的困扰，排除无用信息，更为准确地了解其相关特征参数和特征模式，确定设备故障发展趋势。目前，设备故障诊断方法的发展趋势主要表现在混合智能、智能机内测试技术和基于Internet的远程协作等方面。

（一）混合智能故障诊断方法研究

将多种不同的智能故障诊断方法结合起来构成混合诊断系统，是智能故障诊断研究的发展趋势之一。结合方式主要有专家系统与神经网络结合，CBR与专家系统和神经网络结合，模糊逻辑、神经网络与专家系统结合等。其中模糊逻辑、神经网络与专家系统结合的诊断模型是最具有发展前景的，也是目前人工智能领域的研究热点之一。但尚有很多问题需要深入研究。总的趋势是由基于知识的系统向基于混合模型的系统发展，由领域专家提供知识到机器学习发展，由非实时诊断到实时诊断发展，由单一推理控制策略到混合推理控制策略发展。

（二）智能机内测试技术研究

BIT技术可为系统和设备内部提供故障检测和隔离的自动测试能力。随着传感器技术、超大规模集成电路和计算机技术的日益发展，BIT技术也得到了不断完善。国内外近年来的研究表明，BIT技术是提高设备测试性的最为有效的技术途径之一。目前，BIT技术与自动测试设备（ATE）日渐融合，应用领域不断拓宽，已发展为具有状态监控与故障诊断能力的综合智能化系统。

（三）基于Internet的远程协作诊断技术研究

基于Internet的设备故障远程协作诊断是将设备诊断技术与计算机网络技术相结合，用若干台中心计算机作为服务器，在企业的关键设备上建立状态监测点，采集设备状态数据，在技术力量较强的科研院所建立分析诊断中心，为企业提供远程技术支持和保障。当前研究的关键问题主要有：远程信号采集与分析；实时监测数据的远程传输；基于Web数据库的开放式诊断专家系统设计通用标准。

（四）设备故障诊断技术研究热点

目前，设备故障诊断方法的研究热点很多，大致可归纳如下：

①多传感器数据融合技术；

②在线实施故障检测算法；

③非线性动态系统的诊断方法；

④混合智能故障诊断技术；

⑤基于Internet的远程协作诊断技术；

⑥故障趋势预测技术；

⑦以故障检测及分离为核心的容错控制、监控系统和可信性系统研究。[①]

① 候玉叶，王赟，晋成龙．机电一体化与智能应用研究［M］．长春：吉林科学技术出版社，2022.

第六章　机电设备管理技术

设备是生产力三要素之一，是进行社会生产的物质手段。科学而合理地管理机电设备，最大限度地利用设备，对企业效益的提升是十分有利的，机电设备管理是一门十分丰富的综合工程学科。

第一节　机电设备管理概况

设备是固定资产的重要组成部分。国外设备工程学把设备定义为“有形固定资产的总称”，它把一切列入固定资产的劳动资料，如土地、建筑物（厂房、仓库等）、构筑物（水池、码头、围墙、道路等）、机器（工作机械、运输机械等）、装置（容器、蒸馏塔、热交换器等），以及车辆、船舶、工具（工夹具、测试仪器等）等都包含在其中。在我国，只把直接或间接参与改变劳动对象的形态和性质的物质资料才看作设备。一般认为，设备是人们在生产或生活上所需的机械、装置和设施等可供长期使用，并在使用中基本保持原有实物形态的物质资料。它既是发展国民经济的物质技术基础，又是衡量社会发展水平与物质文明程度的重要尺度。

现代机电设备是应用了机电一体化技术的设备，是机械技术、检测传感技术、信息处理技术、自动控制技术、伺服传动技术、接口技术、系统总体技术等各种技术相互渗透的结果。机电设备的出现进一步提高了生产率，减轻了工人的劳动强度，机电设备管理的好坏，对企业生产起着至关重要的作用。设备管理是指对机电设备从选择评价、使用、维护修理、更新改造以及报废处理全过程的管理工作的总称。

一、设备管理的形成与发展

设备管理是随着工业生产的发展，设备现代化水平的不断提高以及管理科学和技术的发展逐步发展起来的。设备管理发展的历史主要体现在设备维修方式的演变上，大致可以分为三个大的历史时期：

（一）事后维修（第一代）

事后维修就是企业的机器设备发生了损坏或事故以后才进行修理。可划分为两个阶段：

1. 兼修阶段

在18世纪末到19世纪初，以广泛使用蒸汽机为标志的第一次技术革命后，由于机器生产的发展，生产中开始大量使用机器设备，但工厂规模小、生产水平低、技术水平落后、机器结构简单，机器操作者可以兼作维修，不需要专门的设备维修人员。

2. 专修阶段

随着工业发展和技术进步，尤其在19世纪后半期，以电力的发明和应用为标志的第二次技术革命以后，由于内燃机、电动机等的广泛使用，生产设备的类型逐渐增多，结构越来越复杂，设备的故障和突发的意外事故不断增加，对生产的影响更为突出。这时设备维修工作显得更加重要，由原来操作工人兼做修理工作已不能满足需要，于是修理工作便从生产中分离出来，出现了专职机修人员。但这时实行的仍然是事后维修，也就是设备坏了才修，不坏不修。因此，设备管理是从事后维修开始的。但这个时期还没有形成科学的、系统的设备管理理论。

（二）预防性维修阶段（第二代）

预防维修就是在机械设备发生故障之前，对易损零件或容易发生故障的部位，事先有计划地安排维修或换件，以预防设备事故发生。计划预防修理理论及制度的形成和完善时期，可分为以下3个阶段：

1. 定期计划修理方法形成阶段

在该阶段中，苏联出现了定期计划检查修理的做法和修理的组织机构。

2. 计划预修制度形成阶段

在第二次世界大战之后到1955年，机器设备发生了变化，单机自动化已用于生产，出现了高效率、复杂的设备。苏联先后制定出计划预修制度。

3. 统一计划预防维修制度阶段

随着自动化程度不断提高，人们开始注意到了维修的经济效果，制定了一些规章制度和定额，计划预修制日趋完善。

（三）设备综合管理阶段（第三代）

设备的综合管理，是对设备实行全面管理的一种重要方式。它是在设备维修的基础上，为了提高设备管理的技术，经济和社会效益，针对使用现代化设备所带来的一系列新问题，继承了设备工程以及设备综合工程学的成果，吸取了现代管理理论（包括系统论、控制论、信息论），尤其是经营理论、决策理论，综合了现代科学技术的新成就（主要是故障物理学、可靠性工程、维修性工程等），而逐步发展起来的一种新型的设备管理体系。

基本思想：设备的制造与使用相结合，修理改造与更新相结合，技术管理与经济管理相结合，专业管理与群众管理相结合，以及预防为主、保养与计划检修并重等各种方式并行。

典型代表：

1. 设备综合工程学（英国）

20世纪70年代初，英国的丹尼斯·巴库斯（DennisParkes）提出了设备综合工程学。

此后，经欧美、日本等国家不断的研究、实践和普及，成为一门新兴学科。

1974年，英国工商部给设备工程下的定义是：为了追求经济的周期费用，而对有形资产的有关工程技术、管理、财务以及其他实际业务进行综合研究的学科。它是一门以设备一生为研究对象，以提高设备效率、使其寿命周期费用最经济为目的的综合学科。其主要特点如下：

（1）以寿命周期费用作为评价设备管理的重要经济指标，并追求寿命周期费用最经济。

（2）强调对设备从工程技术、工程经济和工程管理三方面进行综合管理和研究。

（3）进行可靠性和维修性设计，综合考虑设置费与维修费，使综合费用不断下降，最大限度提高设备效率。

（4）强调发挥有形资产（设备、机械、装置、建筑物、构筑物）即设备一生各阶段机能的作用。

（5）重视设计、使用和费用的信息反馈，实现设备一生系统的管理。

设备综合工程学的创立，开创了设备管理学科的新领域，从理论方法上突破了设备管理的狭义概念，把传统的设备管理由后半生扩展到设备一生的系统管理，并协调设备一生的各个环节，有目的地系统分析、统筹安排、综合平衡，充分发挥各环节的机能，实现设备寿命周期最经济。

为了推进设备综合工程学的应用和发展，英国成立了国家设备综合中心及国家规模的可靠性服务系统；开展以可靠性为中心的维修，更加注重可靠性和维修性设计；把节能、环保和安全作为设备综合工程学的新课题。经过多年的实践和完善，已取得了明显效果，带来了较好的经济效益。

同时，在巴库斯先生的倡议下，成立了“欧洲维修团体联盟”，该团体每两年召开一次欧洲设备管理维修会议，近年来，中国每次均派代表团参加。会议宗旨是开展各国设备管理实践、维修技术的交流，促进设备综合工程学的推广和发展，帮助发展中国家培养设备工程人才。

2. 全员生产维护制度（日本）

日本全员生产维修（TotalProductiveMaintenance，简称TPM）是从20世纪50年代起，在引进美国预防维修和生产维修体制的基础上，吸取了英国设备综合工程学的理论，并结合本国国情而逐步发展起来的。

TPM的含义

日本设备工程协会对全员生产维修下的定义：

（1）以提高设备综合效率为目标；

（2）建立以设备一生为对象的生产维修系统，确保寿命周期内无公害、无污染、安全生产；

（3）涉及设备的规划、使用和维修等所有部门；

（4）从企业领导到生产一线工人全体参加；

（5）开展以小组为单位的自主活动推进生产维修。

全员生产维修追求的目标是“三全”，即全效率一把设备综合效率提高到最高；全系统一建立起以设备一生为对象的预防维修（PM）系统，并建立有效的反馈系统；全员一凡涉及设备全过程的所有部门以及所有相关人员都要参加到TPM体系中来。

特点：

（1）重视人的作用，重视设备维修人员的培训教育以及多能工的培养；

（2）强调操作者自主维修，主要是由设备使用者自主维护设备，广泛开展“7S”（整理、整顿、清扫、清洁、素养、安全、节约）活动，通过小组自主管理，完成预定目标；

（3）侧重生产现场的设备维修管理；

（4）坚持预防为主，重视润滑工作，突出重点设备的维护和保养；

（5）重视并广泛开展设备点检工作，从实际出发，开展计划修理工作；

（6）开展设备的故障修理、计划修理工作；

（7）讲究维修效果，重视老旧设备的改造；

（8）确定全员生产维修的推进程序。

（二）中国机电设备管理的发展

从20世纪50年代末期至20世纪60年代中期，中国的设备管理工作，进入一个自主探索和改进阶段。其特点是权力下放，解决权力过分集中的弊病。比如修订了大修理管理办法；简化了设备事故管理办法；改进了计划预修制度和备品配件管理制度；采取了较为适合各厂具体情况的检修体制；实行包机制、巡回检查制和设备评级活动等，使设备管理制度比较适合我国具体情况。

改革开放以后，通过企业整顿，建立并健全了各级责任制，建立并充实了各级管理机构，充实完善了部分基础资料。随着改革开放的深入，中国的设备管理也进入了一个新的发展阶段。再加上国外的“设备综合工程学”“全员维修”“后勤工程学”和“计划预修制度”的新发展给以启发和促进作用，加速了中国设备管理科学的发展。

第二节　机电设备管理目的与趋势

一、设备管理的目的及工作任务

设备管理的主要目的是用技术上先进、经济上合理的装备，采取有效措施，保证设备高效率、长周期、安全、经济地运行，保证企业获得最好的经济效益。

设备管理是企业管理的一个重要部分。在企业中，设备管理搞好了，才能使企业的生产秩序正常，做到优质、高产、低消耗、低成本，预防各类事故，提高劳动生产率，保证安全生产。

加强设备管理，有利于企业取得良好的经济效果。如年产30万吨合成氨厂，一台压缩机出故障，会导致全系统中断生产，其生产损失很大。

加强设备管理，还可对老、旧设备不断进行技术革新和技术改造，合理地做好设备更新工作，加速实现工业现代化。

总之，随着科学技术的发展，企业规模日趋大型化、现代化，机器设备的结构、技术更加复杂，设备管理工作也就越来越重要。许多发达国家对此十分重视。西德1976年“工业通报”记载，一般情况下，用于设备维修的年财政支出额，大约相当于设备固定资产原值的6%～10%或企业产值的10%。如将配件等其他资金考虑在内，估计维修支出要占企业总开支的1/4。据1978年资料介绍，苏联每年用于设备维修的资金超过100亿卢布。从而不难看出，要想做好设备管理，就得不断地开动脑筋，寻找更好的对策，促进设备管理科学的发展。

设备管理的基本任务是正确贯彻执行党和国家的方针政策。要根据国家及各部委、总公司颁布的法规、制度，通过技术、经济和管理措施，对生产设备进行综合管理。做到全面规划、合理配置、择优选型、正确使用、精心维护、科学检修、适时改造和更新，使设备经常处于良好的技术状态。以实现设备寿命周期费用最经济、综合效能高和适应生产发展需要的目的。设备管理的具体任务如下所列。

（1）搞好企业设备的综合规划，对企业在用和需用设备进行调查研究，综合平衡，制定科学合理的设备购置、分配、调整、修理、改造、更新等综合性计划。

（2）根据技术先进、经济合理原则，为企业提供（制造、购置、租赁等）最优的技术装备。

（3）制定和推行先进的设备管理和维修制度，以较低的费用保证设备处于最佳技术状态。提高设备完好率和设备利用率。

（4）认真学习、研究，掌握设备物质运动的技术规律，如磨损规律，故障规律等。运用先进的监控、检测、维修手段和方法，灵活有效地采取各种维修方式和措施，搞好设备维修。保证设备的精度、性能达到标准，满足生产工艺要求。

（5）根据产品质量稳定提高，改造老产品，发展新产品和安全生产、节能降耗、改善环境等要求，有步骤地进行设备的改造和更新。在设备大检修时，也应把设备检修与设备改造结合起来，积极应用推广新技术、新材料和新工艺，努力提高设备现代化水平。

（6）按照经济规律和设备管理规律的客观要求，组织设备管理工作。采取行政手段与经济手段相结合的办法，降低能源消耗费用和维修费用的支出，尽量降低设备的周期费用。

（7）加强技术培训和思想政治教育，造就一支素质较高的技术队伍。随着企业向大型化、自动化和机电一体化等多方面迅速发展，以及对设备管理要求不断提高，从而对设备管理人员和维修人员提出了更高的要求。能否管好、用好、修好设备，不仅要看是否有一套好制度，而且取决于设备管理和设备维修人员的素质（包括知识结构和能力）。

（8）搞好设备管理和维修方面的科学研究、经验总结和技术交流。组织技术力量对设备管理和维修中的课题进行科研攻关。积极推广国内外新技术、新材料、新工艺和行之有效的经验。

（9）搞好备品配件的制造，为供应部门提供备品配件的外购、储存信息和计划。推进设备维修与配件供应的商品化和社会化。

（10）组织群众参与管理。搞好设备管理，要发动全体员工参与，形成从领导到群众，从设备管理部门到各有关组织机构齐抓共管的局面。

（二）封闭式管理模式与现代化管理模式

在机电设备使用初期，由于设备少，类型单一，并且集中在一两个单位，因此，各有关单位自身形成机电设备管理、使用、维修三位一体的封闭式管理模式。

随着工业化、经济全球化、信息化的发展，机械制造、自动控制、可靠性工程及管理科学出现了新的突破，机电设备种类和数量越来越多，各部门、各车间都有了机电设备。封闭式管理模式就难以适用了。若采用这种模式，每个单位均要建立维修机构及人员，必然造成人力、物力和财力的极大浪费，现实的条件也是不允许的。现代设备的科学管理出现了新的模式，机电设备使用、管理和维修各归相关部门负责的现代化管理模式，并用计算机网络技术对设备实现了综合管理。

三、设备现代化管理的发展方向

（一）设备管理信息化趋势

管理信息化是以发达的信息技术和信息设备为物质基础对管理流程进行重组和再造，使管理技术和信息技术全面融合，实现管理过程自动化、数字化、智能化的全过程。现代设备管理的信息化应该是以丰富、发达的全面管理信息为基础，通过先进的计算机和通信设备及网络技术设备，充分利用社会信息服务体系和信息服务业务为设备管理服务。设备管理的信息化是现代社会发展的必然。

1. 设备投资评价的信息化

企业在投资决策时，一定要进行全面的技术经济评价，设备管理的信息化为设备的投资评价提供了一种高效可靠的途径。通过设备管理信息系统的数据库获得投资多方案决策所需的统计信息及技术经济分析信息，为设备投资提供全面、客观的依据，从而保证设备投资决策的科学化。

2. 设备经济效益和社会效益评价的信息化

由于设备使用效益的评价工作量过于庞大，很多企业都不做这方面的工作。设备信息系统的构建，可以积累设备使用的有关经济效益和社会效益评价的信息，利用计算机能够短时间内对大量信息进行处理，提高设备效益评价的效率，为设备的有效运行提供科学的监控手段。

3. 设备使用的信息化

信息化管理使得设备使用的各种信息的记录更加容易和全面，这些使用信息可以通过设备制造商的客户关系管理反馈给设备制造厂家，提高机器设备的实用性、经济性和可靠性。同时设备使用者通过对这些信息的分享和交流，有利于强化设备的管理和使用。

（二）设备维修社会化、专业化、网络化趋势

设备管理的社会化、专业化、网络化的实质是建立设备维修供应链，改变过去大而全、小而全的生产模式。随着生产规模化、集约化的发展，设备系统越来越复杂，技术含量也越来越高，维修保养需要各类专业技术和建立高效的维修保养体系，才能保证设备的有效运行。传统的维修组织方式已经不能满足生产的要求，有必要建立一种社会化、专业化、网络化的维修体制。

设备维修的社会化、专业化、网络化可以提高设备的维修效率、减少设备使用单位备品配件的储存及维修人员，从而提高了设备使用效率，降低资金占用。

（三）可靠性工程在设备管理中的应用趋势

现代设备的发展方向是：自动化、集成化。由于设备系统越来越复杂，对设备性能的要求也越来越高，因而势必提高对设备可靠性的要求。

可靠性是一门研究技术装备和系统质量指标变化规律的学科，并在研究的基础上制定能以最少的时间和费用，保证所需的工作寿命和零故障率的方法。可靠性学科在预测系统的状态和行为的基础上建立选取最佳方案的理论，保证所要求的可靠性水平。

可靠性标志着机器在其整个使用周期内保持所需质量指标的性能。不可靠的设备显然不能有效工作，因为无论是由于个别零部件的损伤，或是技术性能降到允许水平以下而造成停机，都会带来巨大的损失，甚至灾难性后果。

可靠性工程通过研究设备的初始参数在使用过程中的变化，预测设备的行为和工作状态，进而估计设备在使用条件下的可靠性，从而避免设备意外停止作业或造成重大损失和灾难性事故。

（四）状态监测和故障诊断技术的应用趋势

设备状态监测技术是通过监测设备或生产系统的温度、压力、流量、振动、噪声、润滑油黏度、消耗量等各种参数，与设备生产厂家的数据相对比，分析设备运行的好坏，对机组故障作早期预测、分析诊断与排除的技术。

设备故障诊断技术是一种了解和掌握设备在使用过程中的状态，确定其整体或局部是否正常或异常，早期发现故障及其原因，并能预报故障发展趋势的技术。

随着科学技术与生产的发展，机械设备工作强度不断增大，生产效率、自动化程度越来越高，同时设备更加复杂，各部分的关联越加密切，往往某处微小故障就会引发连锁反应，导致整个设备乃至与设备有关的环境遭受灾难性的毁坏，不仅造成巨大的经济损失，而且会危及人身安全，后果极为严重。采用设备状态监测技术和故障诊断技术，就可以事先发现故障，避免发生较大的经济损失和事故。

（五）从定期维修向预知维修转变的趋势

设备的预知维修管理是现代设备科学管理发展的方向，为减少设备故障，降低设备维修成本，防止生产设备的意外损坏，通过状态监测技术和故障诊断技术，在设备正常运行的情况下，进行设备整体维修和保养。在工业生产中，通过预知维修，降低事故率，使设备在最佳状态下正常运转，这是保证生产按预定计划完成的必要条件，也是提高企业经济效益的有效途径。

预知维修的发展是和设备管理的信息化、设备状态监测技术、故障诊断技术的发展密切相关的，预知维修需要的大量信息是由设备管理信息系统提供的，通过对设备的状态监测，得到关于设备或生产系统的温度、压力、流量、振动、噪声、润滑油黏度、消耗量等各种参数，由专家系统对各种参数进行分析，进而实现对设备的预知维修。

以上提到的现代设备管理的几个发展趋势并不是相互孤立的，它们之间相互依存、相互促进；信息化在设备管理中的应用可以促进设备维修的专业化、社会化；预知维修又离不开设备的故障诊断技术和可靠性工程；设备维修的专业化又促进了故障诊断技术、可靠性工程的研究和应用。

第三节　机电设备管理基础内容

基础工作是企业的“三基”（基础工作、基本功、基层工作）工作之一。设备的基础资料对设备综合管理工作非常重要。其主要内容之一是搜集资料、积累资料，即积累数据，也可称为数据管理。

数据管理要抓好三个环节。

（1）占有数据。为达到占有数据，首先要建立健全的原始记录和统计。原始记录是生产经济活动的第一次记录；统计是对经济活动中，人力、物力、财力及有关技术经济指标所取得的成果进行统计和分析。原始记录和统计要求准确、全面、及时、清楚。其次是做好定额工作。定额是指在一定的生产条件下，规定企业在人力、物力及财力的消耗上应达到的标准。定额要求先进、合理。再次，做好计量工作。计量是原始记录与各项核算的基础，也是制定定额的依据。对计量要求是一准、二灵。计量不准、不灵，不仅影响生产过程，经营过程，还会影响企业内部的考核。此外，技术情报工作和各种反馈资料也是数据来源之一。情报工作要求全面及时，对各种反馈资料要求准确。

（2）处理、传递、储存数据。处理数据，要去伪存真；传递数据，要迅速准确；储存数据，要完整无遗。为此，企业要建立数据中心一数据库。同时建立数据网，要建立数据管理制度。

（3）运用数据。占有、处理和储存数据，目的在于运用。运用方法十分广泛，但如何应用现代数学方法、科学的企业管理方法以及应用电子计算机来处理数据，则是摆在我们面前的新课题。

一、设备的分类

一般企业的设备数量都比较多。由于企业的规模不同，有的企业少则数百台，多则几千台，此外还有几万平方米的建筑物、构筑物、成百上千公里的管道等。准确地统计企业设备的数量并进行科学的分类，是掌握固定资产构成、分析企业生产能力、明确职责分工、编制设备维修计划、进行维修记录和技术数据统计分析、开展维修经济活动分析的一项基础工作。设备分类方法很多，可根据不同的需要，从不同的角度来分类。下面介绍几种主要的分类方法。

（一）按固定资产分类

凡使用年限在一年以上，单位价值在规定范围内的劳动资料，称为固定资产。企业采用哪一种固定资产单位价值标准，应该根据行业特点、企业大小等情况来决定。中央企业由主管部门同财政部门商定；地方企业由省、直辖市、自治区主管部门同财政部门商定。

如按经济用途和使用情况，分析固定资产的构成，固定资产可分为以下5类。

1. 工业生产固定资产

工业生产固定资产是指用于工业生产方面（包括管理部门）的各种固定资产，其中又可具体划分为下列几类。

（1）建筑物。指生产车间、工厂以及为生产服务的各技术、科研、行政管理部门所使用的各种房屋。如厂房、锅炉房、配电站、办公楼、仓库等。

（2）构筑物。是指生产用的炉、窑、矿井、站台、堤坝、储槽和烟道、烟囱等。

（3）动力设备。是指用以取得各种动能的设备。如锅炉、蒸汽轮机、发电机、电动机、空气压缩机、变压器等。

（4）传导设备。用以传送由热力、风力、气体及其他动力和液体的各种设备。如上下水道、蒸汽管道、煤气管道、输电线路、通信网络等。（5）生产设备。是指具有改变原材料属性或形态、功能的各种工作机器和设备。如金属切削机床、锻压设备、铸造设备、木工机械、电焊机、电解槽、反应釜、离心机等。

在生产过程中，用以运输原材料、产品的各种起重装置，如桥式起重机、皮带运输机等，也应该作为生产设备。

（6）工具、仪器及生产用具。是指具有独立用途的各种工作用具、仪器和生产用具。如切削工具、压延工具、铸型、风铲、检验和测量用的仪器、用以盛装原材料或产品的桶、罐、缸、箱等。

（7）运输工具。是指用以载人和运货的各种用具。如汽车、铁路机车、电瓶车等。

（8）管理用具。是指经营管理方面使用的各种用具。如打字机、计算机、油印机、家具、办公用具等。

（9）其他工业生产用固定资产。是指不属于以上各类的其他各种工业生产用固定资产。例如技术图书等。

2. 非工业生产用固定资产

非工业生产用固定资产指不直接用于工业生产的固定资产。包括公用事业、文化生活、卫生保健、供应销售、科学试验用的固定资产。如职工宿舍、食堂、浴室、托儿所、理发室、医院、图书馆、俱乐部、招待所等单位所使用的各项固定资产。这类固定资产为职工提供正常的生活条件，对职工安心生产和发挥积极性有重要意义。

3. 未使用固定资产

未使用固定资产指尚未开始使用的固定资产。包括购入和无偿调入尚待安装或因生产任务变更等原因而未使用或停止使用，以及移交给建设单位进行改建、扩建的固定资产。由于季节性生产、大修理等原因而停止使用的固定资产；存放在车间内替换使用的机械设备，均作为使用中固定资产而不能作为未使用固定资产。

4. 不需用固定资产

凡由于数量多余或因技术性能不能满足工艺需要等原因而停止使用、已报上级机关等待调配处理的各种固定资产。

5. 土地

土地指已经入账的、一切生产用的、非生产用的土地。

按固定资产分类的概念，在设备管理中也将设备分为：生产设备与非生产设备，未安装设备与在用设备，使用设备与闲置设备等。

（二）按工艺属性分类

工艺属性是设备在企业生产过程中承担任务的工艺性质，是提供研究分析企业生产装备能力、构成、性质的依据。企业设备日常管理中的分类、编号、编卡、建账等均按工艺属性来进行。

从全国范围来讲，可按用途将工业企业的设备分为5类。

（1）通用设备。包括锅炉、蒸汽机、内燃机、发电机及电厂设施、铸造设备、机加设备、分离机械、电力设备及电气机械、工业炉窑等。

（2）专用设备。包括矿业用钻机、凿岩机、挖掘机、煤炭专用设备、有色金属专用设备、黑色金属专用设备、石油开采专用设备、化工专用设备、建筑材料专用设备、电子工业专用设备、非金属矿采选及制品专用设备、各种轻工专用设备（如制药专用设备、食品工业专用设备、造纸专用设备）等。

（3）交通运输工具。包括汽车、机车车辆、船舶等。

（4）建筑工程机械。包括混凝土搅拌机、推土机等。

（5）其他。主要仪器、仪表、衡器。

（三）企业设备分类

由于不同企业生产产品和装备不同，对设备的分类也不尽相同。现以化工企业为例进行分类。

1.据化工设备在生产上的重要程度

可将设备分为主要设备和一般设备两大类，各自又分成两类：主要设备分为甲类（级）设备和乙类（级）设备；一般设备分为丙类（级）设备和丁类（级）设备。

（1）甲类设备。是工厂的心脏设备。在无备机情况下，一旦出现故障，将引起全厂停产的设备，有的企业称为关键设备，在一个企业中占全部设备的5%～10%。如所有合成氨厂，其关键设备是“炉、机、塔”。“炉”是指煤气炉，是故障频繁、影响生产因素极大的设备。在安全上有爆炸及火灾的危险，检修困难，不易修复。“机”是指氢气、氨气压缩机，因阀片与活塞环的故障率较高，使用寿命很短。“塔”是指合成塔，系高温、高压设备。其中的触媒需精心维护操作，一旦触媒中毒，就会影响全局，造成停工、停产。在合成氨工艺设备中，煤气炉是龙头，压缩机是心脏，而合成塔是出产品的关键设备，三者缺一不可。以新建石脑油为原料的年产30万吨合成氨厂为例，一段转化炉取代了煤气炉；透平压缩机代替了往复式压缩机；但“炉、机、塔”依然为关键设备。另如乙烯厂的原料气、乙烯、丙烯压缩机、超高压反应器等，则是乙烯厂的心脏设备。类似这样的设备为甲类设备。

（2）乙类设备。是工厂主要生产设备，但有备用设备。其重要性不及主要设备，且对全厂生产和安全影响不严重，其重要程度比甲类设备要差一些。乙类设备占全厂设备的10%左右。

在化工企业中，一般设备的重要性虽不及主要设备，但所占的比重较大，占90%

左右。

（3）丙类设备。是运转设备或检修比较频繁的静止设备。如一般反应设备、换热器、机、泵设备等。另一种则属于结构比较简单，平时维护工作较少，检修也简单的设备，如高位槽、小型储槽等静止设备。前者列为丙类设备，后者则属于丁类设备。这种类别（等级）的划分，是为了便于管理，只能是相对的。是根据设备在企业经济地位中的重要性来衡量的，一般从事设备管理工作较久的人员，都能从感性认识出发，比较准确地划定其类别，或经过有关设备管理的三结合小组讨论评定，报企业生产（或设备）副厂长批准后执行。几年来源化工部和各省、市、自治区化工局，都对主要设备的划分标准作了一些规定，各厂也可参照执行。

2.据化工企业生产性质

可将使用设备分为14大类。

（1）炉类。包括加热炉（箱式、管式、圆筒式）、煤气（油）发生炉、干馏炉、裂解炉、一段转化炉、热载体炉、脱氢炉等。

（2）塔类。包括板式塔（即筛板、浮阀、泡罩）、填料塔、焦炭塔、干燥塔、冷却塔、造粒塔等。

（3）反应设备类。包括反应器（釜、塔）、聚合釜、加氨转化炉、二段转化炉、变换炉、氨（甲醇）合成塔、尿素合成塔。

（4）储罐类。包括金属储罐（桥架、无力矩、浮顶）、非金属储罐、球形储罐、气柜、各类容器。

（5）换热设备类。包括管壳式换热器、套管式换热器、水浸式换热器、喷淋式换热器、回转（蛇管）式换热器、板式换热器、板翅式换热器、管翅式换热器、废热锅炉等。

（6）化工机械类。包括真空过滤机、叶片过滤机、板式过滤机、搅拌机、干燥机、成型机、结晶机、挤条机、振动机、扒料机、包装机等。

（7）橡胶与塑料机械类。包括挤压脱水机、膨胀干燥机、水平输送机、振动提升机、螺杆输送机、混炼（捏）机、挤压机、切粒机、压块机、包装机等。

（8）化纤机械类。包括抽（纺）丝机、牵伸机、水洗机、柔软处理机、烘干机、卷曲机、卷绕（折叠）机、加捻机、牵切机、切断机、针梳机、打包机等。

（9）通用机械类。泵类，包括离心泵、往复泵、比例泵、齿轮泵、真空泵、螺杆泵、旋涡泵、刮板泵、屏蔽泵。压缩机，包括离心式压缩机、往复式压缩机、螺杆式压缩机、回转（刮板）式压缩机。鼓风机，包括离心式鼓风机、罗茨鼓风机、冰机。

（10）动力设备类。包括汽轮机、蒸汽机、内燃机、电动机（100kW以上）、直流发电机、交流发电机、变压器（100kV，A以上）、开关柜。

（11）仪器、仪表类。包括测量仪表、控制仪表、电子计算机等。

（12）机修设备类。机床类，包括车床、铣床、镗床、刨床、插床、钻床（钻孔直径在25mm以上)、齿轮加工机床、动平衡机等。化铁炉(0.5吨以上)、炼钢炉(0.5吨以上)、热处理炉、锻锤、压力机(或水压机)、卷板机、剪板机、电焊机等。

(13)起重运输和施工机械类。起重机，包括桥式起重机、汽车(轮胎)吊车、履带吊车、塔式吊车、龙门吊车、电动葫芦、皮带运输机、辐板车、插车、蒸汽机车、电动机车、内燃机车。汽车，包括载重汽车、三轮卡车、拖车、消防车、救护车、槽车、拖拉机、推土机、挖掘机、球磨机、粉碎机。

(14)其他类设备。前面各类中未包括进去的其他设备。

二、设备管理的内容

(一)设备的技术管理

技术管理是指企业有关生产技术组织与管理工作的总称。

技术管理的内容包括：

1.设备的前期管理

设备前期管理又称设备规划工程，是指从制定设备规划方案起到设备投产止这一阶段全部活动的管理工作，包括设备的规划决策、外购设备的选型采购和自制设备的设计制造，设备的安装调试和设备使用的初期管理四个环节。其主要研究内容包括：设备规划方案的调研、制定、论证和决策；设备货源调查及市场情报的搜集、整理与分析；设备投资计划及费用预算的编制与实施程序的确定；自制设备的设计方案的选择和制造；外购设备的选型、订货及合同管理；设备的开箱检查、安装、调试运转、验收与投产使用，设备初期使用的分析，评价和信息反馈等。做好设备的前期管理工作，为进行设备投产后的使用、维修、更新改造等管理工作奠定了基础，创造了条件。

2.设备资产管理

设备的资产管理是一项重要的基础管理工作，是对设备运动过程中的实物形态和价值形态的某些规律进行分析、控制和实施管理。由于设备资产管理涉及面比较广，应实行“一把手”工程，通过设备管理部门、设备使用部门和财务部门的共同努力，互相配合，做好这一工作。

当前，企业设备资产管理工作的主要内容有如下几方面：

(1)保证设备固定资产的实物形态完整和完好，并能正常维护、正确使用和有效利用；

(2)保证固定资产的价值形态清楚、完整和正确无误，及时做好固定资产清理、核算和评估等工作；

(3)重视提高设备利用率与设备资产经营效益，确保资产的保值增值；

(4)强化设备资产动态管理的理念，使企业设备资产保持高效运行状态；

(5)积极参与设备及设备市场交易，调整企业设备存量资产，促进全社会设备资源的优化配置和有效运行；

（6）完善企业资产产权管理机制。在企业经营活动中，企业不得使资产及其权益遭受损失。企业资产如发生产权变动时，应进行设备的技术鉴定和资产评估。

3. 设备状态监测管理

（1）设备状态监测的概念

对运转中的设备整体或其零部件的技术状态进行检查鉴定，以判断其运转是否正常，有无异常与劣化征兆，或对异常情况进行追踪，预测其劣化趋势，确定其劣化及磨损程度等，这种活动就称为状态监测（ConditionMonitoring）。状态监测的目的在于掌握设备发生故障之前的异常征兆与劣化信息，以便事前采取针对性措施控制和防止故障发生，从而减少故障停机时间与停机损失，降低维修费用和提高设备有效利用率。

对于在使用状态下的设备进行不停机或在线监测，能够确切掌握设备的实际特性，有助于判定需要修复或更换的零部件和元器件，充分利用设备和零件的潜力，避免过剩维修，节约维修费用，减少停机损失。特别是对自动线程式、流水式生产线或复杂的关键设备来说，意义更为突出。

（2）状态监测与定期检查的区别

设备的定期检查是针对实施预防维修的生产设备在一定时期内所进行的较为全面的一般性检查，间隔时间较长（多在半年以上），检查方法一般靠主观感觉与经验，目的在于保持设备的规定性能和正常运转。而状态监测是以关键的重要的设备（如生产联动线、精密、大型、稀有设备、动力设备等）为主要对象，检测范围较定期检查小，要使用专门的检测仪器针对事先确定的监测点进行间断或连续的监测检查，目的在于定量地掌握设备的异常征兆和劣化的动态参数，判断设备的技术状态及损伤部位和原因，以决定相应的维修措施。设备状态监测是设备诊断技术的具体实施，是一种掌握设备动态特性的检查技术。它包括了各种主要的非破坏性检查技术，如振动理论、噪声控制、振动监测、应力监测、腐蚀监测、泄漏监测、温度监测、磨粒测试、光谱分析及其他各种物理监测技术等。设备状态监测是实施设备状态维修（Condi-tionBasedMaintenance）的基础，状态维修根据设备检查与状态监测结果，确定设备的维修方式。

（3）设备状态监测的分类与工作程序

设备状态监测按其监测的对象和状态量划分，可分为两方面的监测：

1）机器设备的状态

监测是指监测设备的运行状态，如监测设备的振动、温度、油压、油质劣化、泄漏等情况。

2）生产过程的状态监测

是指监测由几个因素构成的生产过程的状态，如监测产品质量、流量、成分、温度或工艺参数等。

上述两方面的状态监测是相互关联的。例如生产过程发生异常，将会发现设备的异常或导致设备的故障；反之，往往由于设备运行状态发生异常，出现生产过程的异常。

设备状态监测按监测手段划分，可分为两种类型的监测：

1）主观型状态监测

即由设备维修或检测人员凭感官感觉和技术经验对设备的技术状态进行检查和判断。这是目前在设备状态监测中使用较为普及的一种监测方法。由于这种方法依靠的是人的主观感觉和经验、技能，要准确的做出判断难度较大，因此必须重视对检测维修人员进行技术培训，编制各种检查指导书，绘制不同状态比较图，以提高主观检测的可靠程度。

2）客观型状态监测

即由设备维修或检测人员利用各种监测器械和仪表，直接对设备的关键部位进行定期、间断或连续监测，以获得设备技术状态（如磨损、温度、振动、噪声、压力等）变化的图像、参数等确切信息。这是一种能精确测定劣化数据和故障信息的方法。

当系统地实施状态监测时，应尽可能采用客观监测法。在一般情况下，使用一些简易方法是可以达到客观监测的效果的。但是，为能在不停机和不拆卸设备的情况下取得精确的检测参数和信息，就需要购买一些专门的检测仪器和装置，其中有些仪器装置的价值比较昂贵。因此，在选择监测方法时，必须从技术与经济两个方面进行综合考虑，既要能不停机地迅速取得正确可靠的信息，又必须经济合理。这就要将购买仪器装置所需费用同故障停机造成的总损失加以比较，来确定应当选择何种监测方法。一般地说，对以下四种设备应考虑采用客观监测方法：发生故障时对整个系统影响大的设备，特别是自动化流水生产线和联动设备；必须确保安全性能的设备，如动能设备；价格昂贵的精密、大型、重型、稀有设备；故障停机修理费用及停机损失大的设备。

4. 设备安全环保管理

设备使用过程中不可避免地会出现以下问题：

（1）废水、废液：如油、污浊物、重金属类废液，此外还有温度较高的冷却排水等；

（2）噪声：泵、空气压缩机、空冷式热交换器、鼓风机，以及其他直接生产设备、运输设备等所发生的噪声；

（3）振动：空气压缩机、鼓风机以及其他直接生产设备等所产生的各种振动；

（4）恶臭：产品的生产、储存、运输等环节泄漏出少量有臭物质；

（5）工业废弃物：比如金属切屑。

这些问题处理不好会影响到企业环境和正常生产，因此在设备管理过程中必须考虑到设备使用的安全环保问题，确定相应处理措施，配备处理设备，同时还要维修保养好这些设备，将其看作生产系统的一部分，进行管理。

5.设备润滑管理

将具有润滑性能的物质施入在机器中做相对运动的零件的接触表面上，是一种用以减少接触表面的摩擦，降低磨损的技术方式，用此方法为设备润滑，施入机器零件摩擦表面上的润滑剂，能够牢牢地吸附在摩擦表面上，并形成一种润滑油膜。这种油膜与零件的摩擦表面结合得很强，因而两个摩擦表面能够被润滑剂有效地隔开。这样，零件间接触表面的摩擦就变为润滑剂本身的分子间的摩擦，从而起到降低摩擦、磨损的作用。设备润滑是防止和延缓零件磨损和其他形式损坏的重要手段之一，润滑管理是设备工程的重要内容之一。加强设备的润滑管理工作，并把它建立在科学管理的基础上，对保证企业的均衡生产、保证设备完好并充分发挥设备效能、减少设备事故和故障、提高企业经济效益和社会效益都有着极其重要的意义。因此，搞好设备的润滑工作是企业设备管理中不可忽视的环节。

润滑的作用一般可归结为：控制摩擦、减少磨损、降温冷却、可防止摩擦面锈蚀、冲洗、密封、减振等作用。润滑的这些作用是互相依存、互相影响的。如不能有效地减少摩擦和磨损，就会产生大量的摩擦热，迅速破坏摩擦表面和润滑介质本身，这就是摩擦时缺油会出现润滑故障的原因。必须根据摩擦副的工作条件和作用性质，选用适当润滑材料；根据摩擦副的工作条件和性质，确定正确的润滑方式和润滑方法，设计合理的润滑装置和润滑系统；严格保持润滑剂和润滑部位的清洁；保证供给适量的润滑剂，防止缺油及漏油；适时清洗换油，既保证润滑又要节省润滑材料。

为保证上述要求，必须搞好润滑管理。

（1）润滑管理的目的和任务

控制设备摩擦、减少和消除设备磨损的一系列技术方法和组织方法，称为设备润滑管理，其目的是：给设备以正确润滑，减少和消除设备磨损，延长设备使用寿命；保证设备正常运转，防止发生设备事故和降低设备性能；减少摩擦阻力，降低动能消耗；提高设备的生产效率和产品加工精度，保证企业获得良好的经济效果；合理润滑，节约用油，避免浪费。

（2）润滑管理的基本任务

建立设备润滑管理制度和工作细则，拟订润滑工作人员的职责；搜集润滑技术、管理资料，建立润滑技术档案，编制润滑卡片，指导操作工和专职润滑工搞好润滑工作；核定单台设备润滑材料及其消耗定额，及时编制润滑材料计划；检查润滑材料的采购质量，做好润滑材料进库、保管、发放的工作；编制设备定期换油计划，并做好废油的回收、利用工作；检查设备润滑情况，及时解决存在的问题，更换缺损的润滑元件、装置、加油工具和用具，改进润滑方法；采取积极措施，防止和治理设备漏油；做好有关人员的技术培训工作，提高润滑技术水平；贯彻润滑的“五定”原则：即定人（定人加油）、定时（定时换油）、定点（定点给油）、定质（定质进油）、定量（定量用油），总结推广和学习应用先进的润滑技术和经验，以实现科学管理。

6. 设备维修管理

设备维修管理工作有以下主要内容：

（1）设备维修用技术资料管理；

（2）编制设备维修用技术文件。主要包括：维修技术任务书、修换件明细表、材料明细表、修理工艺规程及维修质量标准等；

（3）制定磨损零件修、换标准；

（4）在设备维修中，推广有关新技术、新材料、新工艺，提高维修技术水平；

（5）设备维修用量、检具的管理等。

7. 设备备件管理

（1）备件的技术管理

备件的技术管理包括技术基础资料的收集与技术定额的制定，具体为：备件图纸的收集、测绘、整理、备件图册的编制；各类备件统计卡片和储备定额等基础资料的设计、编制及备件卡的编制工作。

（2）备件的计划管理

备件的计划管理指备件由提出自制计划或外协、外购计划到备件入库这一阶段的工作，可分为：年、季、月自制备件计划；外购备件年度及分批计划；铸、锻毛坯件的需要量申请、制造计划；备件零星采购和加工计划；备件的修复计划。

（3）备件库房管理

备件的库房管理指从备件入库到发出这一阶段的库存控制和管理工作。包括：备件入库时的质量检查、清洗、涂油防锈、包装、登记上卡、上架存放；备件收、发及库房的清洁与安全；订货点与库存量的控制；备件的消耗量、资金占用额、资金周转率的统计分析和控制；备件质量信息的搜集等。

（4）备件的经济管理

备件的经济管理包括备件的经济核算与统计分析，具体为：备件库存资金的核定、出入库账目的管理、备件成本的审定、备件消耗统计和备件各项经济指标的统计分析等。经济管理应贯穿于备件管理的全过程，同时应根据各项经济指标的统计分析结果来衡量检查备件管理工作的质量和水平，总结经验，改进工作。

8. 设备改造革新管理

（1）设备改造革新的目标

1）提高加工效率和产品质量

设备经过改造后，要使原设备的技术性能得到改善，提高精度和增加功能，使之全部达到或局部达到新设备的水平，满足产品生产的要求。

2）提高设备运行安全性

对影响人身安全的设备，应进行针对性改造，防止人身伤亡事故的发生，确保安全生产。

3）节约能源

通过设备的技术改造提高能源的利用率，大幅度节电、节煤、节水，在短期内收回设备改造投入的资金。

4）保护环境

有些设备对生产环境乃至社会环境造成较大污染，如烟尘污染、噪声污染以及工业水的污染。要积极进行设备改造消除或减少污染，改善生存环境。

此外，对进口设备的国产化改造和对闲置设备的技术改造，也有利于降低修理费用和提高资产利用率。

（2）设备改造革新的实施

1）编制和审定设备更新申请单。

设备更新申请单由企业主管部门根据各设备使用部门的意见汇总编制，经有关部门审查，在充分进行技术经济分析论证的基础上，确认实施的可能性和资金来源等方面情况后，经上级主管部门和厂长审批后实施。

设备更新申请单的主要内容包括：

①设备更新的理由（附技术经济分析报告）；

②对新设备的技术要求，包括对随机附件的要求；

③现有设备的处理意见；

④订货方面的商务要求及使用的时间的要求。

2）对旧设备组织技术鉴定，确定残值，区别不同情况进行处理。

对报废的受压容器及国家规定淘汰设备，不得转售其他单位。目前尚无确定残值的较为科学的方法，但它是真实反映设备本身价值的量，确定它很有意义。因此残值确定的合理与否，直接关系到经济分析的准确与否。

3）积极筹措设备更新资金。

9. 设备的故障与事故管理

（1）设备故障的分类

设备故障按技术性原因，可分为四大类：即磨损性故障、腐蚀性故障、断裂性故障及老化性故障。

1）磨损性故障

所谓磨损是指机械在工作过程中，互相接触做相互运动的对偶表面，在摩擦作用下发生尺寸、形状和表面质量变化的现象。按其形成机理又分为黏附磨损、表面疲劳磨损、腐蚀磨损、微振磨损等4种类型。

2）腐蚀性故障

按腐蚀机理不同又可分化学腐蚀、电化学腐蚀和物理腐蚀3类。

①化学腐蚀。金属和周围介质直接发生化学反应所造成的腐蚀。

②电化学腐蚀。金属与电介质溶液发生电化学反应所造成的腐蚀。

③物理腐蚀。金属与熔融盐、熔碱、液态金属相接触，使金属某一区域不断熔解，另一区域不断形成的物质转移现象，即物理腐蚀。

3）断裂性故障

可分脆性断裂、疲劳断裂、应力腐蚀断裂、塑性断裂等。

①脆性断裂。可由于材料性质不均匀引起；或由于加工工艺处理不当所引起（如在锻、铸、焊、磨、热处理等工艺过程中处理不当，就容易产生脆性断裂）。

②疲劳断裂。由于热疲劳（如高温疲劳等），机械疲劳（又分为弯曲疲劳、扭转疲劳、接触疲劳、复合载荷疲劳等）引起。

③应力腐蚀断裂。一个有热应力、焊接应力、残余应力或其他外加拉应力的设备，如果同时存在与金属材料相匹配的腐蚀介质，则将使材料产生裂纹，并以显著速度发展的一种开裂。

④塑性断裂。塑性断裂是由过载断裂和撞击断裂所引起。

4）老化性故障

上述综合因素作用于设备，使其性能老化所引起的故障。

（2）设备事故的分类

不论是设备自身的老化缺陷，或操作不当等外因，凡造成设备损坏或发生故障后，影响生产或必须修理者均为设备事故。设备事故分为下述3类。

（1）重大设备事故

设备损坏严重，多系统企业影响日产量25%或修复费用达4000元以上者；单系统企业影响日产量50%或修复费用达4000元以上者；或虽未达到上述条件，但性质恶劣，影响大，经本单位群众讨论，领导同意，也可以认为是重大事故。

（2）普通设备事故

设备零部件损坏，以致影响到一种成品或半成品减产：多系统企业占日产量5%或修复费用达800元以上者；单系统企业占日产量10%或修复费用达800元以上者。

（3）微小事故

损失小于普通设备事故的，均为微小事故。事故损失金额是修复费、减产损失费和成品、半成品损失费之和。

1）修复费包括人工费、材料费、备品配件费以及各种附加费。

2）减产损失费是以减产数量乘以工厂年度计划单位成本。其中未使用的原材料一律不扣除，以便统一计算；但设备修复后，因能力降低而减产的部分可不计算。

3）成品或半成品损失费是以损失的成品或半成品的数量乘以工厂年度计划单位成本进行计算。

10. 设备专业管理

设备的专业管理，是企业内设备管理系统专业人员进行的设备管理；是相对于群众管理而言的，群众管理是指企业内与设备有关人员，特别是设备操作、维修工人参与设备的民主管理活动。专业管理与群众管理相结合可使企业的设备管理工作上下成线、左右成网，使广大干部职工关心和支持设备管理工作。有利于加强设备日常维修工作和提高设备现代化管理水平。

（二）机电设备的经济管理

经济管理是指在社会物质生产活动中，用较少的人力、物力、财力和时间，获得较大成果的管理工作的总称。

经济管理的内容包括：

（1）投资方案技术分析、评估；

（2）设备折旧计算与实施；

（3）设备寿命周期费用、寿命周期效益分析；

（4）备件流动基金管理。

（三）机电设备管理制度

1. 机电设备的管理规定

机电设备的管理要规范化、系统化并具有可操作性。设备管理工作的任务概括为“三好”，即“管好、用好、修好”。

（1）管好设备

企业经营者必须管好本企业所拥有的数控机床，即掌握设备的数量、质量及其变动情况，合理配置机电设备。严格执行关于设备的移装、调拨、借用、出租、封存、报废、改装及更新的有关管理制度，保证财产的完整齐全，保持其完好和价值。操作工必须管好自己使用的设备，未经上级批准不准他人使用，杜绝无证操作现象。

（2）用好设备

企业管理者应教育本企业员工正确使用和精心维护好设备，生产应依据设备的能力合理安排，不得有超性能使用和拼设备之类的行为。操作工必须严格遵守操作维护规程，不超负荷使用及采取不文明的操作方法，认真进行日常保养和定期维护，使机电设备保持“整齐、清洁、润滑、安全”的标准。

（3）修好设备

车间安排生产时应考虑和预留计划维修时间，防止设备带病运行。操作工要配合维修工修好设备，及时排除故障。要贯彻“预防为主，养为基础”的原则，实行计划预防修理制度，广泛采用新技术、新工艺，保证修理质量，缩短停机时间，降低修理费用，提高设备的各项技术经济指标。

2. 机电设备的使用规定

（1）技术培训

为了正确合理地使用机电设备，操作工在独立使用设备前，必须经过基本知识、技术理论及操作技能的培训，并且在熟练技师指导下，进行上机训练，达到一定的熟练程度。同时要参加国家职业资格的考核鉴定，经过鉴定合格并取得资格证后，方能独立操作所使用机电设备，严禁无证上岗操作。

技术培训、考核的内容包括设备结构性能、设备工作原理、相关技术规范、操作规程、安全操作要领、维护保养事项、安全防护措施、故障处理原则等。

（2）实行定人定机持证操作

设备必须由持职业资格证书的操作者进行操作，严格实行定人定机和岗位责任制，以确保正确使用设备和落实日常维护工作。多人操作的设备应实行组长负责制，由组长对使用和维护工作负责。公用设备应由企业管理者指定专人负责维护保管。设备定人定机名单由使用部门提出，经设备管理部门审批，签发操作证；精、大、稀关键设备定人定机名单，设备部门审核报企业管理者批准后签发。定人定机名单批准后，不得随意变动。对技术熟练能掌握多种机电设备操作技术的工人，经考试合格可签发操作多种机电设备的操作证。

（3）建立交接班制度

连续生产和多班制生产的设备必须实行交接班制度。交班人除完成设备日常维护作业外，必须把设备运行情况和发现的问题，详细记录在“交接班簿”上，并主动向接班人介绍清楚，双方当面检查，在交接班簿上签字。接班人如发现异常或情况不明、记录不清时，可拒绝接班。如交接不清，设备在接班后发生问题，由接班人负责。

企业对在用设备均需设“交接班簿”，不准涂改撕毁。区域维修部（站）和机械员（师）应及时收集分析，掌握交接班执行情况和设备技术状态信息，为设备状态管理提供资料。

（4）建立使用机电设备的岗位责任制

1）设备操作者必须严格按“设备操作维护规程”“四项要求”“五项纪律”的规定正确使用与精心维护设备。

2）实行日常点检，认真记录。做到班前正确润滑设备；班中注意运转情况；班后清扫擦拭设备，保持清洁，涂油防锈。

3）在做到“三好”要求下，练好“四会”基本功，搞好日常维护和定期维护工作；配合维修工人检查修理自己操作的设备；保管好设备附件和工具，并参加设备维修后验收工作。

4）认真执行交接班制度并填写好交接班及运行记录。

5）发生设备事故时立即切断电源，保持现场，及时向生产工长和车间机械员（师）报告，听候处理。分析事故时应如实说明经过。对违反操作规程等造成的事故应负直接责任。

3. 设备安全技术操作规程

（1）操作工使用数控机床的基本功和操作纪律

1）数控机床操作工“四会”基本功

①会使用。操作工应先学习设备操作规程，熟悉设备结构性能、工作原理。

②会维护。能正确执行设备维护和润滑规定，按时清扫，保持设备清洁完好。

③会检查。了解设备易损零件部位，知道完好检查项目的标准和方法，并能按规定进行日常检查。

④会排除故障。熟悉设备特点，能鉴别设备正常与异常现象，懂得其零部件拆装注意事项，会做一般故障处理或协同维修人员进行故障排除。

2）维护使用数控机床的“四项要求”

①整齐。工具、工件、附件摆放整齐，设备零部件及安全防护装置齐全，线路管道完整。

②清洁。设备内外清洁，无“黄袍”；各滑动面、丝杠、齿条、齿轮无油污，无损伤；各部位不漏油、漏水、漏气；铁屑清扫干净。

③润滑。按时加油、换油，油质符合要求；油枪、油壶、油杯、油嘴齐全，油毡、油线清洁，油窗明亮，油路畅通。

④安全。实行定人定机制度，遵守操作维护规程，合理使用，注意观察运行情况，不出安全事故。

3）机电设备操作工的“五项纪律”

①凭操作证使用设备，遵守安全操作维护规程；

②经常保持机床整洁，按规定加油，保证合理润滑；

③遵守交接班制度；

④管好工具、附件，不得遗失；

⑤发现异常立即通知有关人员检查处理。

（2）机电设备工安全操作规程

1）机械操作，要束紧袖口，女工发辫要挽入帽内。

2）机械和动力机座必须稳固，转动的危险部位要安设防护装置。

3）工作前必须检查机械、仪表、工具等，确认完后方准使用。

4）电气设备和线路必须绝缘好，电线不得与金属物绑在一起；各种电动机具必须按规定接零接地，并设置单一开关；遇有临时停电或停工休息时，必须拉闸加锁。

5）施工机械和电气设备不得带病运转和超负荷作业，发现不正常情况应停机检查，不得在运转中修理。

6）电气、仪表、管道和设备不得带病运转应严格按照单项安全措施进行。运转时不准擦洗和修理，严禁将头伸入机械行程范围内。

7）在架空输电线路下面工作应停电，不能停电时，应有隔离防护措施，起重机不得在架空输电线路下面工作，通过架空输电线路时应将起重机臂落下。在架空输电线路一侧工作时，不论在任何情况下，超重臂、钢丝绳或重物等与架空输电线路的最近距离应不小于标准规定。

8）行灯电压不得超过36V，在潮湿场所或金属容器内工作时，行灯电压不得超过12V。

9）受压容器应有安全阀、压力表，并避免曝晒、碰撞，氧气瓶严防沾染油脂；乙炔发生器、液化石油气，必须有防止回火的安全装置。

10）X射线或Y射线探伤作业区，非操作人员不准进入。

11）从事腐蚀、粉尘、放射性和有毒作业，要有防护措施，并进行定期体检。①

①赵光霞．机电设备管理与维护技术基础［M］．北京：北京理工大学出版社，2017.

第七章　机电设备故障监测与修理

当代工业发展的一个重要标志就是设备的技术进步。当代企业的机电设备正朝着大型化、精密化、自动化、流程化、计算机化、智能化、环保化、柔性化、技术综合化和功能多样化等不同方向发展。其结果是生产系统本身的规模变得越来越大，功能越来越全，各部分的关联越来越密切，设备组成与结构越来越复杂。这些变化对于提高生产率、降低生产成本、提高产品质量等起到了积极作用。但另一方面，机械设备一旦发生故障，即造成停产、停工，其造成的经济损失也越来越大。因此，现代化工业对机械设备，乃至一个零件的工作可靠性，都提出了极高的要求。为确保各种机械设备的安全运行，提高其可靠性和安全运转率，就必须加强设备的状态监测管理，及时发现异常情况，加强对故障的早期诊断和预防。而设备状态监测与故障诊断就是为适应这一需要而产生和发展起来的。

设备状态监测与故障诊断技术又称为预测维修技术，是新兴的一门包含很多新技术的多学科性综合技术。简单地说就是通过一些技术手段，对设备的振动、噪声、电流、温度、油质等进行监测与技术分析，掌握设备的运行状态，判断设备未来的发展趋势，诊断故障发生的部位、故障的原因，进而具体指导维修工作。

第一节　设备的状态监测与点检

一、设备的状态监测

设备的状态监测是利用人的感官、简单工具或仪器，对设备工作中的温度、压力、转速、振幅、声音、工作性能的变化进行观察和测定。

随着设备的运转速度、复杂程度、连续自动化程度的提高，依靠人的感觉器官和经验进行监测愈发困难。20世纪70年代后期，开始应用电子、红外、数字显示等技术和先进工具仪器监测设备状态，用数字处理各种信号、给出定量信息，为分析、研究、识别和判定设备故障的诊断工作打下基础。

（一）设备状态监测的种类

设备状态监测分为主观监测和客观监测两种，在这两种方法中均包括停机监测和不停机监测（又称在线监测）。

1. 主观状态监测

主观状态监测是以经验为主，通过人的感觉器官直接观察设备现象，是凭经验主观判断设备状态的一种监测方法。生产第一线的维修人员，特别是操作人员对设备的性能、特点最为熟悉，对设备故障征兆和现象，他们通过自己的感官可以看到、听到、闻到和摸到。管理人员应及时到生产现场了解、询问设备异常症状，并亲自去观察、分析和判断，即根据设备异常症状，从设备的先天素质、工艺过程、产品质量、磨损老化情况、维修状况及水平、操作者技术水平及环境因素等诸多方面综合分析，做出正确判断，防止突发故障和事故的发生。

主观监测的经验是在长期的生产活动中积累起来的，在各行各业中人们对不同特点和不同功能的设备、装置都掌握了许多既可靠又简而易行的人工监测的好经验、好方法。

目前，在工业发达国家中，主观监测仍占有很大的比重，占70%左右。在我国有大量的主观监测经验和信息掌握在广大操作、维修和管理人员手中，积极地收集和组织整理这些经验和方法并编成资料，这将是极其有意义的工作。实践证明，有价值的经验是不可忽视的物质财富，不仅对进一步更有效地、更经济地开展主观监测活动有利，而且可以用来培训操作和维修人员提高技术业务能力。

2. 客观状态监测

客观状态监测是利用各种简单工具、复杂仪器对设备的状态进行监测的一种监测方法。由于设备现代化程度的提高，依靠人的感觉器官凭经验来监测设备状态愈发困难，近年来出现了许多专业性较强的监测仪器，如电子听诊器，振动脉冲测量仪，红外热像仪，铁谱分析仪、闪频仪、轴承检测仪等。由于高级监测仪器价格比较昂贵，除在对生产影响极大的关键设备上使用外，一般多采用简单工具和仪器进行监测。

简单的监测工具和仪器很多，如千分尺、千分表、厚薄塞尺、温度计、内表面检查镜、测振仪等，用这些工、器具直接接触监测物体表面，直接获得磨损、变形、间隙、温度、振动、损伤等异常现象的信息。

（二）设备状态监测工作的开展

1. 设备的检查

它是侧重于利用管理职能制定规章制度以及各种报表等，针对设备上影响产品质量、产量、成本、安全和设备正常运转的部位进行日常点检、定期检查和精度检查等，及时发现设备异常，进行调整、换件或抢修，以维持正常的生产，或将不能及时处理的精度降低，功能降低和局部劣化等信息记录下来，作为修理计划的制订和设备更新改造的依据。

2. 设备状态监测

前述的设备日常检查和定期检查，均为企业了解设备在生产过程中状态的、行之有效的作业方法，多年来为企业所采用。然而这种检查有一定的局限性，它并不能定量地测出设备各种参数，确切反映故障征兆、隐患部位、严重程度及发展趋势。因此许多企业在主要生产设备（关键设备）上，采用现代管理手段状态监测及诊断技术预防故障、事故并为预知维修提供依据。

开展状态监测和诊断工作，首先要研究企业生产情况、设备组成结构、实际需要、技术力量、财力资源及管理基础工作等，从获得技术经济效果最佳出发，经分析、研究来确定需进行状态监测的设备。其次是培训专职技术人员，合理选择工具、仪器和方法，经试验后付诸实施。实施中，有责任到人，制定出每台设备的“状态监测登记表”。表中列出监测内容、手段、结果等，负责人员按规定时间进行监测或由装于“在线监测系统”上的记录仪器收集状态信息，监测信息汇总后，供诊断故障，开展预知维修提供依据。

目前设备状态监测的发展趋势是从人工检查逐步实施人、机检查，将设备监测仪器与计算机结合，计算机接收监测信号后，可定时显示或打印输出设备的状态参数（如温度、压力、振动等），并控制这些参数不超出规定的范围，保持设备正常运转和生产的正常进行。以点检为基础，以状态监测为手段，利用计算机迅速、准确、程序控制等功能，实现设备的在线监测将给企业带来极大的经济效益。

3. 设备的在线监测

积极开展设备状态监测和故障诊断工作搞好设备综合管理，不仅要大力进行宣传和推广这方面的工作经验、培训专业技术人才，组织专业队伍，而且要积极开发设备在线监测软件和新的状态监测项目，不断适应现代化大生产的管理需要。

化工、石油、冶金等企业由于生产工艺连续，成套装置流水作业，要求设备可靠性高，故率先广泛应用设备诊断技术，特别是设备在线监测方法，以确保生产顺利进行。对机械、电子、纺织、航空及其他轻工业企业，正在逐步将设备诊断技术用于其他机械设备和动力装置上，特别是用于发电机组、锅炉、空气压缩机等动力发生装置上，采用电子计算机控制的在线监测，以保证设备正常运转，能源供应和安全生产。

二、设备的点检

（一）设备的点检

为了维持生产设备原有的性能，通过用人的五感（视、听、嗅、味、触）或简单的工具仪器，按照预先设定的周期和方法，对设备上的某一规定部位（点）对照事先设定的标准，进行有无异常的预防性周密检查的过程，以便设备的隐患和缺陷能够得到早期发现，早期预防，早期处理，这样的设备检查称为点检。

开展以点检为基础，以状态监测为手段的预知维修是设备维修方式改革的方向。在设备使用阶段，维修管理是设备管理的主要内容，为了克服预定周期修理的弊端，应采取状态维修，而状态维修的基础是对设备进行检查，掌握设备状态，为维修工作提供依据。

1. 点检的分类

点检的分类方法很多，但通常分类方法可归纳为以下三种。

（1）按点检种类分

1）良否点检：只检查设备的好坏，即设备劣化程度的检查，以判断设备的维修时间。

2）倾向点检：通常用于突发故障型设备的点检，对这些设备进行劣化倾向性检查，并进行倾向管理，预测维修时间或更换周期。

（2）按点检方法分

1）解体检查。

2）非解体检查。

（3）按点检周期分

1）日常点检。日常点检是由操作工人进行的，主要是利用感官检查设备状态。当发现异常现象后，经过简单调整、修理可以解决的，由操作工人自行处理，当操作工人不能处理时，反映给专业维修人员修理，排除故障，有些不影响生产正常进行的缺陷劣化问题，待定期修理时解决。

2）定期点检。定期点检是一种计划检查，由维修人员或设备检查员进行，除利用感官外，还要采用一些专用测量仪器。点检周期要与生产计划协调，并根据以往维修记录、生产情况、设备实际状态和经验修改点检周期，使其更加趋于合理。定期点检中发现问题，可以处理的应立即处理，不能处理的可列入计划预修或改造计划内。

3）精密点检。用精密仪器、仪表对设备进行综合性测试调查，或在不解体的情况下应用诊断技术，即用特殊仪器、工具或特殊方法测定设备的振动、磨损、应力、温升、电流、电压等物理量，通过对测得的数据进行分析比较，定量地确定设备的技术状况和劣化倾向程度，以判断其修理和调整的必要性。精密点检一般由专职维修人员（含工程技术人员）进行定期或不定期检查测定。

精密点检的主要检测方法如下：

①无损探损：用于检测零部件的缺陷、裂纹等。

②振动噪声测定：主要用于高速回转机械的不平衡，轴心不对中，轴承磨损等的定期测定。

③铁谱、光谱分析：用于润滑油中金属磨粉数量、大小、形状的定期测定分析。

④油液取样分析：用于润滑油、液压油、变压器油的劣化程度分析。

⑤应力、扭矩、扭振测试：用于传动轴、压力容器、起重机主梁等。

⑥表面不解体检测：为一般工具无法检测的部位，使用专门技术与专门仪器进行检测。

⑦继保、绝保试验：用于变压器、电机、开关、电缆等周期性的保护试验。

⑧开关类试验：SF6等开关的接触电阻值测试。

⑨电气系统测试：有可控硅漏电测试，传动保护试验，传动系统接触脉冲及特性测试等。

2. 点检的内容

（1）日常点检内容及方法

日常点检是检查与掌握设备的压力、温度、流量、泄漏、给脂状况、异音、振动、龟裂（折损）、磨损、松弛等十大要素。其方法主要以采取视、听、触、摸、嗅五感为基本方法，有些重要部位借助于简单仪器、工具来测量。

（2）设备定期点检的内容

1）设备的非解体定期检查；

2）设备解体检查；

3）劣化倾向；

4）设备的精度测试；

5）系统的精度检查及调整；

6）油箱油脂的定期成分分析及更换添加；

7）零部件更换，劣化部位的修复等。

3. 点检的主要工作

虽然设备点检的内容因设备种类和工作条件的不同而差别较大，但设备的点检都必须认真做好以下几个环节的工作：

（1）确定检查点。一般将设备的关键部位和薄弱环节列为检查点。尽可能选择设备振动的敏感点；离设备核心部位最近的关键点和容易产生劣化现象的易损点；

（2）确定点检项目，就是确定各检查部位（点）的检查内容；

（3）制定点检的判定标准。根据制造厂家提供的技术和实践经验制定各检查项目的技术状态是否正常的判定标准；

（4）确定检查周期。根据检查点在维持生产或安全方面的重要性和生产工艺的特点，并结合设备的维修经验，制定点检周期；

（5）确定点检的方法和条件。根据点检的要求，确定各检查项目所采用的方法和作业条件；

（6）确定检查人员。确定各类点检（如日常点检、定期点检、专项点检）的负责人员，确定各种检查的负责人；

（7）编制点检表。将各检查点、检查项目、检查周期、检查方法、检查判定标准以及规定的记录符号等制成固定表格，供点检人员检查时使用；

（8）做好点检记录和分析。点检记录是分析设备状况、建立设备技术档案、编制设备检修计划的原始资料；

（9）做好点检的管理工作，形成一个严密的设备点检管理网；

（10）做好点检人员的培训工作。

设备点检的“五定”是指定点、定法、定标、定期、定人。这是设备点检工作的最核心要素。

4. 专职点检人员的点检业务及职责

（1）制定点检标准和给油脂标准，零部件编码，标准工时定额等基础资料。

（2）编制各类计划及实绩记录。

（3）按计划认真进行点检作业，对岗位操作工或运行工进行点检维修业务指导，并有权进行督促和检查，有问题要查明情况及时处理。

（4）编制检修项目预定表，并列出月度检修工程计划。

（5）根据点检结果和维修需要，编制费用预算计划并使用。

（6）根据备件预期使用计划和检修计划的需要，编制维修资材需用计划及资材领用等准备工作。

（7）收集设备状态情报进行倾向管理、定量分析、掌握机件劣化程度。

（8）参加事故分析处理，提出修复、预防及改善设备性能的意见。

（9）提供维修记录，进行有关故障、检修、费用等方面的实绩分析，提出改善设备的对策和建议。

（10）参与精密点检。

5. 劣化倾向管理

为了把握对象设备的劣化倾向程度和减损量的变化趋势，必须对其故障参数进行观察，实行定期的劣化量测定，对设备劣化的定量数据进行管理，并对劣化的原因、部位进行分析，以控制对象设备的劣化倾向，从而预知其使用寿命，最经济地进行维修。

劣化倾向管理的实施步骤如下：

（1）确定项目：即选定倾向管理的对象设备和管理项目。

（2）制订计划：设计编制倾向管理图表。

（3）实施与记录：对测得的数据进行记录，并画出倾向管理曲线图表。

（4）分析与对策：进行统计分析，找出劣化规律，预测更换和修理周期，提出改善对策。

6. 设备技术诊断的内容

这是由专业点检员委托专业技术人员来担当地对设备的定量测试。主要包括以下内容：

（1）机械检测：振动、噪声、铁谱分析、声发射。

（2）电气检测：绝缘、介质损耗。

（3）油质检测：污染、黏度、红外油料分析。

（4）温度检测：点温、热图像。

7. 点检设备的“五大要素”及设备的“四保持”

（1）点检设备的“五大要素”

1）紧固；

2）清扫；

3）给油脂；

4）备品备件管理；

5）按计划检修。

（2）设备的“四保持”

1）保持设备的外观整洁；

2）保持设备的结构完整性；

3）保持设备的性能和精度；

4）保持设备的自动化程度。

8. 设备的五层防护线

为确保设备运转正常，日常点检、定期点检、精密点检（含精度测试）、设备技术诊断和设备维修结合在一起，构成了设备完整的防护体系。具体可分为以下五个层次：

（1）操作人员的日常点检

通过日常点检，一旦发现异常，除及时通知专业点检人员外，还能自己动手排除异常，进行小修理，这是预防事故发生的第一层防护线。

（2）专业点检员的专业点检

主要依靠五官或借助某些工具、简易仪器实施点检，对重点设备实行倾向检查管理，发现和消除隐患，分析和排除故障，组织故障修复，这是第二层防护线。

（3）专业技术人员的精密点检及精度测试检查

在日常点检、定期专业点检的基础上，定期对设备进行严格的精密检查、测定、调整和分析，这是第三层防护线。

（4）设备技术诊断

设备技术诊断是一种在运转时或非解体状态下，对设备进行点检定量测试，帮助专业点检员作出决策，防止事故的发生，这是第四层防护线。

（5）设备维修

通过上述四层防护线，可以摸清设备劣化的规律，减缓劣化进度和延长机件的寿命，但还有可能发生突发性故障，这时就要维修。维修技术的高低又直接影响设备的劣化速度，因此需要一支维修技术高、责任心强的维修队伍，可以说设备维修也是点检制的一个重要环节，这是设备的第五层防护线。

（二）设备点检制

设备点检制是一种以点检为核心的设备维修管理体制，是实现设备可靠性、维护性、经济性达到最佳化，实现全员设备维修管理（TPM）的一种综合性基本制度。在这种体制下，专职点检员既负责设备点检，又从事设备管理，生产、点检、维修三方之间点检管理方处于核心地位，最佳的费用，高质量地管理好设备，确保设备安全、顺行、持续、运转，这是每一个专职点检员的重要职责。点检制具有以下几个特点：

（1）生产工人参加日常设备点检是全员设备维修管理中不可缺少的一个方面，日常点检的要求（部位、内容、标准、周期）则由专业点检员制定、提供，并进行作业指导、检查和评价。

（2）专业点检员分区域对设备负责，既从事设备点检，又负责设备的管理。

（3）有一套科学的点检基准，业务流程和推进工作的组织体制。

（4）有比较完善的仪器、仪表及检测手段和现代化的维修设施。

（5）有一个完善的操作、点检、维修三位一体的TPM体制。

（6）推行以作业长制为中心的现代化基层管理方式。

第二节　设备的故障诊断与管理

一、设备的故障诊断

（一）设备故障诊断技术的发展

近20多年来，设备现代化水平大幅度提高，向大型化、连续化、高速化、自动化、电子化迅速发展，使设备的效率和效益均大大增长，设备本身也愈发昂贵，一旦发生故障或事故，会造成极大的直接和间接损失。因此，在运行中保持设备的完好状态，监测故障征兆的发生与发展，诊断故障的原因、部位、危险程度，采取措施防止和控制突发故障和事故的出现，已成为设备管理的主要课题之一。

20世纪70年代以来，世界上发达国家都在工业领域中大力发展设备诊断技术，使设备处于最佳状态并发挥其最大效能。近年来，我国各行业也在大力推行设备状态监测与故障诊断，特别是化工、石油化工、冶金等行业已取得初步成效，目前正在积极开发状态监测软件，朝着更加广泛、深入的方向发展。

（二）设备诊断技术的含义与内容

设备诊断技术是一门涉及数学、物理、化学、力学、声学、电子技术、机械、传感技术、计算机技术和信号处理技术等多学科的综合性学科。它依靠先进的传感技术与在线检测技术，采集设备的各种具有某些特征的动态信息，并对这些信息进行各种分析和处理，确认设备的异常表现，预测其发展趋势，查明其产生原因、发生的部位和严重的程度，提出针对性的维护措施和处理方法，这一切构成了现代设备管理制度一按状态维修的方法。

随着设备复杂程度的增加，机械设备的零部件数目正以等比级数递增。各种零部件受力状态和运行状态不同，如变形、疲劳、冲击、腐蚀、磨损和蠕变等因素以及它们之间的相互作用，各零部件具有不同的失效原因和失效周期。设备的故障过程实际上是零部件的失效过程。机械故障诊断实质上就是利用机器运行过程中各个零部件的二次效应（如由磨损后增大的间隙所造成的振动），由现象判断本质，由局部推测整体，由当前预测未来。它是以机械为对象的行为科学，其最终目的就是力图发挥出设备寿命周期的最大效益。

设备诊断技术在设备综合管理中具有重要的作用，表现如下所述。

（1）它可以监测设备状态，发现异常状况，防止突发故障和事故的发生，建立维护标准，开展预知维修和改善性维修；

（2）较科学地确定设备修理间隔期和内容；

（3）预测零件寿命，搞好备件生产和管理；

（4）根据故障诊断信息，评价设备先天质量，为改进设备的设计、制造、安装工作和提高换代产品的质量提供依据。

目前，国内外应用于机械设备故障诊断技术方面的检测、分析和诊断的主要方法有：振动和噪声诊断法、磨损残留物、泄漏物诊断法、温度、压力、流量和功率变化诊断法和应变、裂纹及声发射诊断法。

实行按状态维修必须根据不同机器的特点，选择恰当的诊断方法。一般来说，应以一种方法为主，逐步积累原始数据和实践经验。国内外应用最广泛的是振动和噪声诊断法。

（三）设备故障诊断技术的分类

设备诊断技术按诊断方法的完善程度可分为简易诊断技术和精密诊断技术。

1.简易诊断技术

简易诊断技术就是使用各种便携式诊断仪器和工况监视仪表，仅对设备有无故障及故障严重程度作出判断和区分。它可以宏观地、高效率地诊断出众多设备有无异常，因而费用较低。所以，简易诊断技术是诊断设备“健康”状况的初级技术，主要由现场作业人员实施。为了能对设备的状态迅速有效地作出概括的评价，简易诊断技术应具备以下的功能：

（1）设备所受应力的趋向控制和异常应力的检测；

（2）设备的劣化、故障的趋向控制和早期发现；

（3）设备的性能、效率的趋向控制和异常检测；

（4）设备的监测与保护；

（5）指出有问题的设备。

2. 精密诊断技术

精密诊断技术就是使用较复杂的诊断设备及分析仪器，除了能对设备有无故障及故障的严重程度作出判断及区分外，在有经验的工程技术人员参与下，还能对某些特殊类型的典型故障的性质、类别、部位、原因及发展趋势作出判断及预报。它的费用较高，由专业技术人员实施。

精密诊断技术的目标，就是对简易诊断技术判定为“大概有点异常”的设备进行专门的精确诊断，以决定采取哪些必要措施。所以，它应具备的功能包括：①确定异常的形式和种类；②了解异常的原因；③了解危险程度，预测发展趋势；④了解改善设备状态的 方法。

（四）设备诊断基本技术

1. 检测技术

在进行设备诊断时，首先要定量检测各种参数。有些数值可直接测得，也有许多应该检测部位的数值不能直接测得，因此首先要考虑的是对各种不同的参数值如何监测。哪些项目需长期监测、短时监测或结合修理进行定期测定等。一般对于不需长期监测的量可采取定期停机测定并修理；对不能直接测到的数据可转换为与之密切相关的数据进行检测。尽量采用在运转过程中不拆卸零、部件的情况下进行检测。在达到同样效果的情况下，尽量选择最少的参数进行检测。

根据设备的性质与要求，正确地应用与选择传感器也是很重要的问题：有些参数的取得，不需要传感器，例如测定表面温度。而有些参数不仅需要传感器，而且要连续监测。要恰当地选择传感器装置以获取与设备状态有关的诊断信息。

2. 信号处理技术

信息是诊断设备状态的依据，如果获取的信号直接反映设备状态，则与正常状态的规定值相比较即可得出设备处于某种状态的结论。但有些信号却伴有干扰，如声波、振动信号等，故需要滤波。通过数据压缩，形式变换等处理，正确地提取与设备状态和故障有关的征兆特征量，即为信号处理技术。

3. 识别技术

根据特征量识别设备的状态和故障，先要建立判别函数，确定判别的标准，然后再将输入的特征量与设备历史资料和标准样本比较，从而获得设备的状态或故障的类型、部位、性质、原因和发展趋势等结论性意见。

4. 预测技术

预测技术就是预测故障将经过怎样的发展过程，何时达以危险的程度，推断设备的可靠性及寿命期。

5. 振动和噪声诊断技术

振动和噪声诊断方法就是通过对机器设备表面部件的振动和噪声的测量与分析，

通过运用各种仪器对运转中机械设备的振动和噪声现象进行监测，以防范因振动对各种运转设备产生的不良影响。监视设备内部的运行状况进而预测判断机器设备的“健康”状态。它在不停机的情况下监测机械振动状况，采集和分析振动信号，判断设备状态，从而搞好预防维修，防止故障和事故的发生。正由于振动的广泛性、参数的多维性、测振技术的遥感性和实用性，决定了人们将振动监测与诊断列为设备诊断技术的最重要的手段。它的方便性、在线性和无损性使它的应用越来越广泛。

6. 润滑油磨粒检测技术

磨料监测的技术方法有铁谱分析技术、光谱分析技术和磁塞分析法，以及过滤分析法等。在故障诊断中，应用最多的是铁谱分析技术。

铁谱分析技术也称“铁相学”或“铁屑技术”。它是通过分析润滑油中的铁磁磨粒判断设备故障的技术。其工作过程为：带有铁磁性磨粒的润滑油，流过一个高强度、高磁场梯度的磁场时，利用磁场力使铁磁性磨粒从润滑油中分离出来，并且按照磨粒颗粒的大小，沉积在玻璃基片上制成铁谱基片（简称谱片），通过观察磨粒的形状和材质，判断磨粒产生的原因，通过检测磨料的数量和分布，判断设备磨损程度。

7. 无损探伤技术

无损探伤是指在不损伤物体构件的前提下，借助于各种检测方法，了解物体构件的内部结构和材质状态的方法。无损探伤技术包括超声波探伤、射线探伤、磁粉探伤、渗透探伤以及声发射检测方法。在工业生产和故障诊断中目前应用最为广泛的就是超声波探伤技术。所谓超声波探伤法是指由电振荡在探头中激发高频声波，高频声波入射到构件后若遇到缺陷，会反射、散射、衰减，再经探头接收转换为电信号，进而放大显示，根据波形确定缺陷的部位、大小和性质，并根据相应的标准或规范判定缺陷的危害程度的方法。

8. 温度监测技术

温度监测技术是利用红外技术等温度测量的方法，检测温度变化，对机械设备上某部分的发热状态进行监测，发现设备异常征兆，从而判断设备的运行状态和故障程度的技术。其中红外监测技术是非接触式的，具有测量速度快、灵敏度高、范围广、远距离、动态测量等特点，在高低压电器、化工、热工、工业窑炉以及电子设备工作状态监测和运行故障的诊断中，比其他诊断技术有着不可替代的优势。在机械设备故障诊断中，温度监测也可作为其他诊断方法的补充，在工业领域中被广泛应用。

（五）设备诊断工作的开展

设备状态监测与诊断工作正在我国各大中型企业中逐步开展起来，由于企业生产性质、工艺流程特点，设备管理的水平和技术力量配备的不同，这一工作发展尚不平衡，开展的规模和程序也各不相同，为了更有效地开展这项工作，现把开展诊断工作的步骤加以归纳如下：

（1）全面搞清企业生产设备的状况。包括性能、结构、工作能力、工作条件、使用状态、重要程度等；

（2）确定全厂需要监测和诊断的设备：如重点关键设备，故障停机对生产影响大、损失大的设备。根据急需程度和人力物力条件，先在少数机台上试点，总结经验后，逐渐推广；

（3）确定需监测设备的监测点、测定参数和基准值，及监测周期（连续、间断、间隔时间、如一月、一周、一日等）；

（4）根据监测及诊断的内容，确定监测方式与结构，选择合适的方法和仪器；

（5）建立组织机构和人工、电脑系统、制定记录报表、管理程序及责任制等；

（6）培训人员，使操作人员及专门人员不同程度地了解设备性能、结构、监测技术、故障分析及信号处理技术，监测仪器的使用、维护保养等；

（7）不断总结开展状态监测、故障诊断工作的实践经验，巩固成果，摸索各类零部件的故障规律、机理。进行可靠性、维修性研究，为设计部门提高可靠性、维修性设计，不断提高我国技术装备素质，提供科学依据，为不断提高设备诊断技术水平和拓宽其应用范围提供依据。

二、设备的故障管理

设备故障，一般是指设备或系统在使用中丧失或降低其规定功能的事件或现象。设备是企业为满足某种生产对象的工艺要求或为完成工程项目的预计功能而配备的。在现代化生产中，由于设备结构复杂，自动化程度很高，各部分、各系统的联系非常紧密，因而设备出现故障，哪怕是局部的失灵，都可能造成整个设备的停顿，整个流水线、整个自动化车间的停产。设备故障直接影响企业产品的数量和质量。因此，世界各国，尤其是工业发达国家都十分重视设备故障及其管理的研究，我国一些大中型企业，也在20世纪80年代初开始探索故障发生的规律，对故障进行记录，对故障机理进行分析，以采取有效的措施来控制故障的发生，这就是我们所说的设备故障管理。

（一）设备故障的分类

设备故障是多种多样的，可以从不同角度对其进行分类。

1. 按故障的发生状态分类

（1）渐发性故障：是由于设备初始参数逐渐劣化而产生的，大部分机器的故障都属于这类故障。这类故障与材料的磨损、腐蚀、疲劳及蠕变等过程有密切的关系。

（2）突发性故障：是各种不利因素以及偶然的外界影响共同作用而产生的，这种作用超出了设备所能承受的限度。例如：因机器使用不当或出现超负荷而引起零件折断；因设备各项参数达到极值而引起的零件变形和断裂。此类故障往往是突然发生的，事先无任何征兆。突发性故障多发生在设备初期使用阶段，往往是由于设计、制造、装配以及材质等缺陷，或者操作失误、违章作业而造成的。

2. 按故障的性质分类

（1）间断性故障：指设备在短期内丧失其某些功能，稍加修理调试就能恢复，不需要更换零部件。

（2）永久性故障：指设备某些零部件已损坏，需要更换或修理才能恢复使用。

3. 按故障的影响程度分类

（1）完全性故障：导致设备完全丧失功能。

（2）局部性故障：导致设备某些功能丧失。

4. 按故障发生的原因分类

（1）磨损性故障：由于设备正常磨损造成的故障。

（2）错用性故障：由于操作错误、维护不当造成的故障。

（3）固有的薄弱性故障：由于设计问题使设备出现薄弱环节，在正常使用时产生的 故障。

5. 按故障的发生、发展规律分类

（1）随机故障：故障发生的时间是随机的。

（2）有规则故障：故障的发生有一定规律。

每一种故障都有其主要特征，即所谓故障模式，或故障状态。各种设备的故障状态是相当繁杂的，但可归纳出以下数种：异常振动、磨损、疲劳、裂纹、破裂、过度变形、腐蚀、剥离、渗漏、堵塞、松弛、绝缘老化、异常声响、油质劣化、材料劣化、黏合、污染及其他。

（二）设备故障的分析方法

在故障管理工作中，不但要对每一项具体的设备故障进行分析，查明发生的原因和机理，采取预防措施，防止故障重复出现。同时，还必须对本系统、企业全部设备的故障基本状况、主要问题、发展趋势等有全面的了解，找出管理中的薄弱环节，并从本企业设备着眼，采取针对性措施，预防或减少故障，改善技术状态。因此，对故障的统计分析是故障管理中必不可少的内容，是制定管理目标的主要依据。

1. 故障信息数据收集与统计

（1）故障信息的主要内容

1）故障对象的有关数据有系统、设备的种类、编号、生产厂家、使用经历等；

2）故障识别数据有故障类型、故障现场的形态表述、故障时间等；

3）故障鉴定数据有故障现象、故障原因、测试数据等；

4）有关故障设备的历史资料。

（2）故障信息的来源

1）故障现场调查资料；

2）故障专题分析报告；

3）故障修理单；

4）设备使用情况报告（运行日志）；

5）定期检查记录；

6）状态监测和故障诊断记录；

7）产品说明书，出厂检验、试验数据；

8）设备安装、调试记录；

9）修理检验记录。

（3）收集故障数据资料的注意事项

1）按规定的程序和方法收集数据；

2）对故障要有具体的判断标准；

3）各种时间要素的定义要准确，计算相关费用的方法和标准要统一；

4）数据必须准确、真实、可靠、完整，要对记录人员进行教育、培训，健全责任制；

5）收集信息要及时。

（4）做好设备故障的原始记录的要求

1）跟班维修人员做好检修记录，要详细记录设备故障的全过程，如故障部位、停机时间、处理情况、产生的原因等，对一些不能立即处理的设备隐患也要详细记载；

2）操作工人要做好设备点检（日常的定期预防性检查）记录，每班按点检要求对设备做逐点检查、逐项记录。对点检中发现的设备隐患，除按规定要求进行处理外，对隐患处理情况也要按要求认真填写。以上检修记录和点检记录定期汇集整理后，上交企业设备管理部门；

3）填好设备故障修理单，当有关技术人员会同维修人员对设备故障进行分析处理后，要把详细情况填入故障修理单，故障修理单是故障管理中的主要信息源。

2. 故障分析内容与方法

（1）故障原因分类

开展故障原因分析时，对故障原因种类的划分应有统一的原则。因此，首先应将本企业的故障原因种类规范化，明确每种故障所包含的内容。划分故障原因种类时，要结合本企业拥有的设备种类和故障管理的实际需要。其准则应是根据划分的故障原因种类，容易看出每种故障的主要原因或存在的问题。当设备发生故障后进行鉴定时，要按同一规定确定故障的原因（种类）。当每种故障所包含的内容已有明确规定时，便不难根据故障原因的统计资料发现本企业产生设备故障的主要原因或问题。

（2）典型故障分析

在原因分类分析时，由于各种原因造成的故障后果不同，因此，通过这种分析方法来改善管理与提高经济性的效果并不明显。

典型故障分析则从故障造成的后果出发，抓住影响经济效果的主要因素进行分析，并采取针对性的措施，有重点地改进管理，以求取得较好的经济效果。这样不断循环，效果就更显著。

影响经济性的三个主要因素是：故障频率、故障停机时间和修理费用。故障频率是指某一系统或单台设备在统计期内（如一年）发生故障的次数；故障停机时间是指每次故障发生后系统或单机停止生产运行的时间（如几小时）。以上两个因素都直接影响产品输出，降低经济效益。修理费用是指修复故障的直接费用损失，包括工时费和材料费。

典型故障分析就是将一个时期内（如一年）企业（或车间）所发生的故障情况，根据上述三个因素的记录数据进行排列，提出三组最高数据，每一组的数量可以根据企业的管理力量和发生故障的实际情况来定。如设定10个数据，则分别将三个因素中最高的10个数据的原始凭证提取出来，根据记录的情况进一步分析和提出改进措施。

（3）MTBF分析法

设备的MTBF是一项在设备投入使用后较易测定的可靠性参数，它被广泛用于评价设备使用期的可靠性。设备的MTBF可通过MTBF分析求得，同时还可以对设备故障是怎样发生的有所了解。MTBF分析一般按下述步骤进行。

1）选择分析对象。为了分析同一型号、规格且使用条件相似的多台设备的故障规律及MTBF，所选分析对象（设备）应具有代表性，它在使用中的各种条件，如使用环境、操作人员、加工产品、切削负荷、台时利用年、维修保养等条件，都应处于设备允许范围的中间值备群的特性。分析对象（设备）MTBF不应相差悬殊，否则，应认真检查原始记录有无问题。对使用条件、故障内容等作详细研究分析，确定是否由起支配作用的故障造成。若查不出原因，就只能将MTBF分析结果作废。

2）规定观测时间。记录下观测时间内该设备的全部故障（故障修理）。观测时间应不短于该设备中寿命较长的磨损件的修理（更换）期，一般连续观测记录2～3年，可充分发现影响MTBF的故障（失效）。要全部记录下观测期内发生的全部故障（无论停机时间长短），包括突发故障（事后修复）和将要发生的故障（通过预防维修排除）的有关数据资料、故障部位（内容）、处理方法、发生日期、停机时间、修理的工时、修理人员数等，并保证数据的准确性。

3）数据分析。将在观测期内，设备的故障间隔期和维修停机时间按发生时间先后依次排列形成图形。如果把记录故障的工作一直延续进行下去，当设备进入使用的后期（损耗故障期），将会出现故障密集现象，不但易损件，就连一些基础件也连续发生故障而形成故障流，且故障流的间隔时间也显著缩短。通过多台相同设备的故障记录分析，就可以科学地估计该设备进入损耗故障期的时间，为合理地确定进行预防修理的时间创造条件。

（4）统计分析法

通过统计某一设备或同类设备的零部件（如活塞、填料等）因某方面技术问题

（如腐蚀强度等）所发生的故障，占该设备或该类设备各种故障的百分比，然后分析设备故障发生的主要问题所在，为修理和经营决策提供依据的一种故障分析法，称为统计分析法。

（5）分步分析法

分步分析法是对设备故障的分析范围由大到小、由粗到细逐步进行，最终必将找出故障频率最高的设备零部件或主要故障的形成原因，并采取对策。这对大型化、连续化的现代工业，准确地分析故障的主要原因和倾向，是很有帮助的。

（6）故障树分析法

1）故障树分析法的产生与特点

从系统的角度来说，故障既有因设备中具体部件（硬件）的缺陷和性能恶化所引起的，也有因软件如自控装置中的程序错误等引起的。此外，还有因为操作人员操作不当或不经心而引起的损坏故障。

20世纪60年代初，随着载人宇航飞行，洲际导弹的发射，以及原子能、核电站的应用等尖端和军事科学技术的发展，都需要对一些极为复杂的系统做出有效的可靠性与安全性评价；故障树分析法就是在这种情况下产生的。

故障树分析法简称FTA（Failure Tree Analysis），是1961年由美国贝尔电话研究室的华特先生首先提出的。其后，在航空和航天的设计、维修，原子反应堆、大型设备以及大型电子计算机系统中得到了广泛的应用。目前，故障树分析法虽还处在不断完善的发展阶段，但其应用范围正在不断扩大，是一种很有前途的故障分析法。

总的来说，故障树分析法具有以下特点。

它是一种从系统到部件，再到零件，按“下降型”分析的方法。它从系统开始，通过由逻辑符号绘制出的一个逐渐展开成树状的分枝图，来分析故障事件（又称顶端事件）发生的概率。同时也可以用来分析零部件或子系统故障对系统故障的影响，其中包括人为因素和环境条件等在内。

它对系统故障不但可以做定性的分析，也可以做定量的分析；不仅可以分析由单一构件所引起的系统故障，而且也可以分析多个构件不同模式故障而产生的系统故障情况。因为故障树分析法使用的是一个逻辑图，因此，不论是设计人员还是使用和维修人员都容易掌握和运用，并且由它可派生出其他专门用途的“树”。例如，可以绘制出专用于研究维修问题的维修树，用于研究经济效益及方案比较的决策树等。

由于故障树是一种逻辑门所构成的逻辑图，因此适合于用电子计算机来计算；而且对于复杂系统的故障树的构成和分析，也只有在应用计算机的条件下才能实现。

显然，故障树分析法也存在一些缺点。其中主要是构造故障树的多余量相当繁重，难度也较大，对分析人员的要求也较高，因而限制了它的推广和普及。在构造故障树时要运用逻辑运算，在其未被一般分析人员充分掌握的情况下，很容易发生错误和失察。例如，很有可能把重大影响系统故障的事件漏掉；同时，由于每个分析人员所取的研究范围各有不同，其所得结论的可信性也就有所不同。

2）故障树的构成和顶端事件的选取

一个给定的系统，可以有各种不同的故障状态（情况）。所以在应用故障树分析法时，首先应根据任务要求选定一个特定的故障状态作为故障树的顶端事件，它是所要进行分析的对象和目的。因此，它的发生与否必须有明确定义；它应当可以用概率来度量；而且从它起可向下继续分解，最后能找出造成这种故障状态的可能原因。

构造故障树是故障树分析中最为关键的一步。通常要由设计人员、可靠性工作人员和使用维修人员共同合作，通过细致的综合与分析，找出系统故障和导致系统该故障的诸多因素的逻辑关系，并将这种关系用特定的图形符号，即事件符号与逻辑符号表示出来，成为以顶端事件为“根”向下倒长的一棵树一故障树。

3）故障树用的图形符号

在绘制故障树时需应用规定的图形符号。它们可分为两类，即逻辑符号和事件符号。

（三）设备故障管理的程序

设备故障管理的目的是在故障发生前通过设备状态的监测与诊断，掌握设备有无劣化情况，以期发现故障的征兆和隐患，及时进行预防维修，以控制故障的发生；在故障发生后，及时分析原因，研究对策，采取措施排除故障或改善设备，以防止故障的再发生。

要做好设备故障管理，必须认真掌握发生故障的原因，积累常发故障和典型故障资料和数据，开展故障分析，重视故障规律和故障机理的研究，加强日常维护、检查和预修。这样就可避免突发性故障和控制渐发性故障。

设备故障管理的程序如下：

（1）做好宣传教育工作，使操作工人和维修工人自觉地遵守有关操作、维护、检查等规章制度，正确使用和精心维护设备，对设备故障进行认真的记录、统计和分析。

（2）结合本企业生产实际和设备状况及特点，确定设备故障管理的重点。

（3）采用监测仪器和诊断技术对重点设备进行有计划的监测，及时发现故障的征兆和劣化的信息。一般设备可通过人的感官及一般检测工具进行日常点检、巡回检查、定期检查（包括精度检查）、完好状态检查等，着重掌握容易引起故障的部位、机构及零件的技术状态和异常现象的信息。同时要建立检查标准，确定设备正常、异常、故障的界限。

（4）为了迅速查找故障的部位和原因，除了通过培训使维修、操作工人掌握一定的电气、液压技术知识外，还应把设备常见的故障现象、分析步骤、排除方法汇编成故障查找逻辑程序图表，以便在故障发生后能迅速找出故障部位与原因，及时进行故障排除和修复。

(5) 完善故障记录制度。故障记录是实现故障管理的基础资料，又是进行故障分析、处理的原始依据。记录必须完整正确。维修工人在现场检查和故障修理后，应按照“设备故障修理单”的内容认真填写，车间机械员（技师）与动力员按月统计分析报送设备动力管理部门。

(6) 及时进行故障的统计与分析。车间设备机械员（技师）、动力员除日常掌握故障情况外，应按月汇集“故障修理单”和维修记录。通过对故障数据的统计、整理、分析，计算出各类设备的故障频率、平均故障间隔期，分析单台设备的故障动态和重点故障原因，找出故障的发生规律，以便突出重点采取对策，将故障信息整理分析资料反馈到计划部门，进一步安排预防修理或改善措施计划，还可以作为修改定期检查间隔期、检查内容和标准的依据。

根据统计整理的资料，可以绘出统计分析图表，例如单台设备故障动态统计分析表是维修班组对故障及其他进行目视管理的有效方法，既便于管理人员和维修工人及时掌握各类型设备发生故障的情况，又能在确定维修对策时有明确目标。

(7) 针对故障原因、故障类型及设备特点的不同采取不同的对策。对新设置的设备应加强使用初期管理，注意观察、掌握设备的精度、性能与缺陷，做好原始记录。在新设备使用中加强日常维护、巡回检查与定期检查，及时发现异常征兆，采取调整与排除措施。重点设备进行状态监测与诊断。建立灵活机动的具有较高技术水平的维修组织，采用分部修复、成组更换的快速修理技术与方法，及时供应合格备件。利用生产间隙整修设备。

对已掌握磨损规律的零部件采用改装更换等措施。

(8) 做好控制故障的日常维修工作。通过区域维修工人的日常巡回检查和按计划进行的设备状态检查所取得的状态信息和故障征兆，以及有关记录、分析资料，由车间设备机械员（技师）或修理组长针对各类型设备的特点和已发现的一般缺陷，及时安排日常维修，便于利用生产空隙时间或周末，做到预防在前，以控制和减少故障发生。对某些故障征兆、隐患，日常维修无力承担的，则反馈给计划部门另行安排计划修理。

第三节　设备的修理类别与计划

设备在使用过程中，其零部件会逐渐产生磨损、老化、变形、锈蚀甚至断裂，导致设备的精度、性能和生产率下降，使设备发生故障、事故乃至报废。设备的修理就是对技术状态劣化到某一临界状态时或发生故障的设备为保持或恢复其规定功能和性能而采取的一系列的技术措施，包括更换或修复磨损失效的零件，对整机或局部进行拆装、调整等。

在组织设备修理工作中，一定要贯彻预防为主的方针，合理地确立设备的定修模型，采取日常检查、定期检查、状态监测和诊断等手段，准确把握设备的技术状态，加强修理的计划性，避免盲目维修、过剩维修或维修不足。要协调好修理与生产的关系，搞好备件的保障工作，积极采用新技术、新工艺、新材料和现代科学管理方法在修理中的运用，通过有效的维修方式，减少设备的停歇时间，降低维修费用，确保修理质量。

一、维修方式与修理类别

（一）设备维修方式

设备维修方式具有维修策略的含义。现代设备管理强调对各类设备采用不同的维修方式，就是强调设备维修应遵循设备物质运动的客观规律，在保证生产的前提下，合理利用维修资源，达到寿命周期费用最经济的目的。

1. 事后维修

事后维修就是对一些生产设备，不将其列入预防修理计划，在发生故障后或性能、精度降低到不能满足生产要求时再进行修理。事后维修能够最大限度地利用设备的零部件，提高了零部件使用的经济性，常用于修理结构简单、易于修复、利用率很低以及发生故障停机后对生产无影响或影响很小的设备。

2. 预防维修

预防维修是为了防止设备性能、精度劣化或为了降低故障率，按事先规定的修理计划和技术要求而进行的维修活动。对重点设备和重要设备实行预防维修，是贯彻《设备管理条例》规定的“预防为主”方针的重点工作。预防维修主要有以下维修方式。

（2）定期维修

定期维修就是对设备进行周期性维修。它是根据零件的失效规律，事先规定修理间隔期、修理类别和工作内容、修理工作量等。该修理方式计划性强，有利于做好修前准备工作，主要适用于已掌握设备磨损规律且生产稳定、连续生产的流程式生产设备、动力设备、大量生产的流水作业和自动线上的主要设备以及其他可以统计开动台时的设备。苏联的设备计划预修制度是定期维修的典型形式。

由于设备劣化的规律各异，对修理内容和时间难以做出正确的估计，故定期维修容易造成过剩维修，经济性较差。我国在引入实施苏联计划预修制度的经验基础上，结合企业自身的特点，对计划预修制进行了改进和完善，创造出了具有中国特色的计划预修制度，主要有计划预防维修制和计划保修制两种。

计划预防维修制简称计划预修制。它是根据设备的磨损规律，按预定修理周期及其结构对设备进行维护、检查和修理，以保证设备经常处于良好的技术状态的一种设备维修制度。其主要特征如下。

1）按规定要求，对设备进行日常清扫、检查、润滑、紧固和调整等，以减缓设备的磨损，保证设备正常运行。

2）按规定的日程表对设备的运动状态、性能和磨损程度等进行定期检查和校验，以便及时消除设备隐患，掌握设备技术状况的变化情况，为设备定期检修做好准备。

3）有计划、有准备地对设备进行预防性修理。

计划保修制又称保养修理制。它是把维护保养和计划检修结合起来的一种修理制度。其主要特点如下：

1）根据设备的特点和状况，按照设备运转小时（产量或里程）等，规定不同的维修保养类别间隔期。

2）在保养的基础上制定设备不同的修理类别和修理周期。

3）当设备运转到规定时限时，不论其技术状况如何，都要严格地按要求进行检查、保养或计划修理。

计划保修制对计划预修制中的修理周期结构，包括大修、中修和小修的界限和规定，进行了重大的突破，使小修的全部内容和中修的部分内容，在三级保养中得到了解决，一部分中修内容并人大修。同时，又突破了大修和革新改造的界限，强调“修中有改”“修中有创”，特别是对老设备，要把大修的重点转移到改造上来，这是适合我国具体情况的重要经验。计划保修制是一种专群结合、以防为主、防修结合的设备维修制度，取得了较好的 效果。

（2）状态监测维修

这是一种以设备技术状态为基础的，按实际需要进行修理的预防维修方式。它是在状态监测和技术诊断基础上，掌握设备劣化发展情况，在高度预知的情况下，适时安排预防性修理，又称预知维修。

这种维修方式的基础是将各种检查、维护、使用和修理，尤其是诊断和监测提供的大量信息，通过统计分析，正确判断设备的劣化程度、故障或将要发生故障的部位和原因、技术状况的发展趋势，从而采取正确的维修策略。这样能充分掌握维修活动的主动权，做好修前准备，并且可以和生产计划协调安排，既能提高设备的可利用率，又能充分发挥零件的最大寿命。由于受到诊断技术发展的限制，同时，设备诊断与监测系统的费用高昂，因此，它主要适用于重点设备、利用率高的精、大、稀类设备等，代表企业设备维修的发展方向。

3. 改善维修

改善是为了消除设备的先天性缺陷或频发故障，修理时，对设备的局部结构或零部件进行改进设计，以改善设备的可靠性和维修性。改善维修主要是针对设备重复性故障进行局部改装，提高零部件的性能和寿命，使故障间隔期延长或消除故障，从而降低故障率、停修时间和维修费用。它是预防维修方式的一项重要发展。

4. 无维修设计

无维修设计是指产品的理想设计，其目标是达到使用中无须维修的目的。在设备设计时，就着眼于消除造成维修的原因，使设备无故障地运转或减少维修作业，它是一种维修策略，也称维修预防。目前无维修设计见于两种情况，一种是生产批量大的家用电器产品，如电视机、录像机、录音机等；另一种是安全可靠性要求极高的设备，如核能设备、航天器等。它们几乎不需要维护和修理，欲达此目的，需要先进的科学技术作保证，需要科学的技术反馈系统，反复地进行试验研究，才能逐步接近或实现。对于机械设备，要达到无故障，技术上很难，费用也高，因此主要适用于十分贵重和停机损失很大的设备，某些部件已采用无维修设计，如采用长效润滑脂密封式高速磨头。在产品设计中体现无维修设计的概念，对改进和提高机器产品的可靠性是有益的。

综上所述，每一种维修方式各有其适用范围，正确地选择维修方式，就能以最小的费用达到最大的效果。具体选择时，应考虑的因素有企业的生产性质、生产纲领、生产过程、设备特点及对生产的影响、设备使用条件及环境、安全要求、合理利用维修资源（人力、材料、备件、设备等）等。

（二）修理类别

修理类别是根据修理内容和要求以及工作量大小，对设备修理工作的划分。预防维修的修理类别有：大修、项修、小修、定期检查试验和定期精度调整等。

1. 大修

设备大修是工作量最大的一种有计划的彻底性修理。大修时，对设备的全部或大部分部件解体检查，修复基础件，更换或修复全部不合用的零件；修复、调整电气系统；修复设备的附件以及翻新外观等，从而达到全面消除修前存在的缺陷，恢复设备规定的精度和性能。

2. 项修

项目修理是根据设备的结构特点及存在的问题，对技术状态劣化已达不到生产工艺要求的某些项目，按实际需要进行的针对性修理，恢复所修部分的性能。

3. 小修

小修是维持性修理，不对设备进行较全面的检查、清洗和调整，只结合掌握的技术状态的信息进行局部拆卸、更换和修复部分失效零件，以保证设备正常的工作能力。

4. 定期维护或定期检查

该项工作通常列入计划修理来进行，做到及时掌握设备的技术状态，发现和清除设备隐患以及较小故障，以减少突发故障的发生。

5. 定期精度检查

对精、大、稀机床的几何精度进行有计划的定期检查并调整，使其达到或接近规定的精度标准，保证其精度稳定以满足加工要求。

6. 定期预防性试验

对动力设备、锅炉与压力容器、电气设备、起重运输设备等安全性要求高的设备，由专业人员按规定期限和规定要求进行试验，如耐压、绝缘、电阻、接地、安全装置、指示仪表、负荷、限制器、制动器等的试验。通过试验可及时发现问题，消除隐患或安排 修理。

二、修理计划的编制

设备修理计划是建立在设备运行理论和工作实践的基础之上，计划的编制要准确、真实地反映生产与设备互相关联的运动规律。因为它不仅是企业生产经营计划的重要组成部分，而且也是企业设备维修组织与管理的依据。计划项目编制得正确与否，主要取决于采用的依据是否确切，是否科学地掌握了设备真实的技术状况及变化规律。

设备修理计划包括按时间进度编制的计划和按修理类别编制的计划两大类。按时间进度编制的计划有年度计划、季度计划和月份计划，计划中包括大修、项修、小修、更新设备的安装和技术改造等；按修理类别编制的计划通常为年度大修理计划，以便于大修理费用的管理。有的企业也编制项修、小修、预防性试验和定期精度调整的分列计划。

正确地编制设备修理计划，可以统筹安排设备的修理和修理需要的人力、物力和财力，有利于做好修理前的准备工作，缩短修理停歇时间，节约修理费用，并可与生产密切配合，既保证生产的顺利进行，又保证检修任务的按时完成。设备修理计划是贯彻执行设备计划预修制的重要保证。

（一）编制设备修理计划的依据

1. 设备的技术状态

设备的技术状态是指在用设备所具有的性能、精度、生产效率、安全、环境保护和能源消耗等的技术状态。设备在使用过程中，由于生产性质、加工对象、工作条件及环境条件等因素对设备的作用，致使设备在设计制造时所确定的工作性能或技术状态将不断降低或劣化。设备完好率、故障停机率和设备对均衡生产影响的程度等，是反映企业设备技术状况好坏的主要指标。设备技术状态的信息主要来自下述两方面：

（1）设备技术状态的普查鉴定。企业设备普查的主要任务是摸清设备存在的问题，提出修理意见，填写设备技术状态普查表，以此作为编制计划的基础资料。

（2）设备日常检查、定期检查、状态监测记录、维修记录等原始凭证及综合分析资 料等。

2. 生产工艺及产品质量对设备的要求

适应生产的需要是设备修理的目的，因此，产品质量对设备的要求是着重考虑的依据之一。如设备的实际技术状况不能满足工艺要求，则应安排计划修理。

3. 安全与环境保护的要求

根据国家和有关主管部门的规定，设备的安全防护装置不符合规定，排放的气体、粉尘、液体污染环境时，应安排改善修理。

4. 设备的修理周期与修理间隔期

设备的修理周期和修理间隔期是根据设备磨损规律和零部件使用的寿命，在考虑到各种客观条件影响程度的基础上确定的，这也是编制修理计划的依据之一。

修理周期，是指相邻两次大修理之间或新设备安装使用到第一次大修理之间的时间间隔。修理间隔期，是指相邻两次修理（无论大修、中修或小修）之间的时间间隔。修理周期结构，是指在修理周期内，大、中、小修理的次数和排列的次序。

除上述依据外，编制修理计划还应考虑下列问题：

（1）生产急需的、影响产品质量的、关键工序的设备应重点安排修理。力求减少重点、关键设备生产与维修的矛盾；

（2）应考虑到修理工作量的平衡，使全年修理工作能均衡地进行。对应修设备应按轻重缓急尽量安排计划；

（3）应考虑修前生产技术准备的工作量和时间进度；

（4）精密设备检修的特殊要求；

（5）生产线上单一关键设备，应尽可能安排在节假日中检修，以缩短停歇时间；

（6）连续或周期性生产的设备（热力、动力设备）必须根据其特点适当安排，使设备修理与生产任务紧密结合；

（7）同类设备，尽可能安排连续修理；

（8）综合考虑设备修理所需的技术、人力、物力、财力等。

（二）设备修理计划的编制

1. 设备修理计划的内容

设备修理计划的编制中，要规定企业计划期内修理设备的名称、修理种类、内容、时间、工时、停工天数、修理所需材料、配件及费用预算等。

2. 设备修理计划的编制原则

（1）安排修理计划时，要先重点，后一般，保关键，并把一般设备中历年失修的设备 安排好。

（2）安排修理进度时，要做好修理所需工作量和维修部门的检修能力的平衡工作。

（3）安排修理进度时，要与生产计划密切配合、互相衔接，把因维修所造成的生产损 失降低到最低程度。

（4）在设备修理周期定额的基础上，对设备状况记录资料和检查结果充分研究分析后，确定设备的修理日期和内容。

（5）要运用系统工程、网络计划技术等先进管理方法，缩短修理停歇时间，降低修理费用，充分发挥设备的效能。如设备的实际技术状况不能满足工艺要求，则应安排计划修理。

3. 安全与环境保护的要求

根据国家和有关主管部门的规定，设备的安全防护装置不符合规定，排放的气体、粉尘、液体污染环境时，应安排改善修理。

4. 设备的修理周期与修理间隔期

设备的修理周期和修理间隔期是根据设备磨损规律和零部件使用的寿命，在考虑到各种客观条件影响程度的基础上确定的，这也是编制修理计划的依据之一。

修理周期，是指相邻两次大修理之间或新设备安装使用到第一次大修理之间的时间间隔。修理间隔期，是指相邻两次修理（无论大修、中修或小修）之间的时间间隔。修理周期结构，是指在修理周期内，大、中、小修理的次数和排列的次序。

除上述依据外，编制修理计划还应考虑下列问题：

（1）生产急需的、影响产品质量的、关键工序的设备应重点安排修理。力求减少重点、关键设备生产与维修的矛盾；

（2）应考虑到修理工作量的平衡，使全年修理工作能均衡地进行。对应修设备应按轻重缓急尽量安排计划；

（3）应考虑修前生产技术准备的工作量和时间进度；

（4）精密设备检修的特殊要求；

（5）生产线上单一关键设备，应尽可能安排在节假日中检修，以缩短停歇时间；

（6）连续或周期性生产的设备（热力、动力设备）必须根据其特点适当安排，使设备修理与生产任务紧密结合；

（7）同类设备，尽可能安排连续修理；

（8）综合考虑设备修理所需的技术、人力、物力、财力等。

（二）设备修理计划的编制

1. 设备修理计划的内容

设备修理计划的编制中，要规定企业计划期内修理设备的名称、修理种类、内容、时间、工时、停工天数、修理所需材料、配件及费用预算等。

2. 设备修理计划的编制原则

（1）安排修理计划时，要先重点，后一般，保关键，并把一般设备中历年失修的设备 安排好。

（2）安排修理进度时，要做好修理所需工作量和维修部门的检修能力的平衡工作。

（3）安排修理进度时，要与生产计划密切配合、互相衔接，把因维修所造成的生产损 失降低到最低程度。

（4）在设备修理周期定额的基础上，对设备状况记录资料和检查结果充分研究分析后，确定设备的修理日期和内容。

（5）要运用系统工程、网络计划技术等先进管理方法，缩短修理停歇时间，降低修理费用，充分发挥设备的效能。

3. 设备修理计划的编制

（1）年度修理计划

年度修理计划是企业全年设备检修工作的指导性文件。它是企业修理工作的大纲，一般只对设备的修理数量、修理类别、修理日期作大体的安排。具体内容要在季、月度计划中再作详细安排。

编写设备年度修理计划时、一般按收集资料、编制草案、平衡审定和下达执行四个程序，于每年9月着手进行。

1）收集资料：编制修理计划前，除做好资料收集和分析工作外，还应做好必要的现场核实工作。

2）编制草案：编制草案应遵循的原则，一是充分考虑下一年度生产计划对设备的要求，力求减少重点、关键设备的生产与维修之间的矛盾，做到维修计划与生产计划协调安排；二是对应修设备分清轻重缓急，重点设备优先安排，以防止失修和维修过剩；三是综合考虑、合理利用资源。正式草案提出前，设备管理部门的计划人员应组织维修技术人员、备件管理人员和使用单位有关人员讨论协商，力求达到技术经济方面的合理性，并考虑与前一年度修理计划执行情况的协调。

3）平衡审定：计划草案编制后，交各车间、生产计划、工艺、技术、财务等部门讨论，提出项目增减、轻重缓急的变化，修理停歇时间的长短，交付修理日期、修理类别的变化等修改意见，再由设备管理部门综合平衡后，正式编制出修理计划并送交主管领导批准。修理计划按规定表格填写，内容包括设备的自然状况（使用单位、资产编号、名称、型号）、修理复杂系数、修理类别或内容、时间定额、停歇天数及计划进度、承修单位等。还应编写计划说明，提出计划重点、薄弱环节及注意解决的问题，并提出解决关键问题的初步措施和意见。

4）下达执行：年度计划由企业生产计划部门下达各有关部门，作为企业生产经营计划的重要组成部分进行考核。

（2）季度修理计划

它是年度修理计划的实施计划，必须在落实停修时间、修理技术、生产准备工作及劳动组织的基础上编制。按设备的实际技术状况和生产的变化情况，它可能使年度修理计划有变动。季度修理计划在前一季度第二个月开始编制。可按编制计划草案、平衡审定、下达执行三个基本程序进行，一般在上季度最后一个月10日前由计划部门下达到车间，作为其季度生产计划的组成部分加以考核。

（3）月份修理计划

它是季度计划的分解，是执行修理计划的作业计划，是检查和考核企业修理工作好坏最基本的依据。在月份修理计划中，应列出应修项目的具体开工、竣工日期，对跨月项目可分阶段考核。应注意与生产任务的平衡，要合理利用维修资源。一般每月中旬编制下个月份的修理计划，经有关部门会签、主管领导批准后，由生产计划部门下达，与生产计划同时检查考核。

（4）滚动计划

它是一种远近结合、粗细结合、逐年滚动的计划。由于长期计划的期限长、涉及面广，有些因素难以准确预测，为保证长期计划的科学性和正确性，在编制方法上可采用滚动计划法。

在编制滚动计划时，先确定一定的时间长度（如三年、五年）作为计划期；在计划期内，根据需要将计划期分为若干时间间隔，即滚动期，最近的时间间隔中的计划为实施计划，内容要求较详尽，以后各间隔期内的计划为展望计划，内容较粗略；在实施过程中，在下个滚动期到来前，要根据条件的变化情况对原定计划进行修改，并加以延伸，拟定出新的即将执行的实施计划和新的展望计划。

（三）设备修理计划的变更、检查与考核

修理计划是按科学程序制定的，是企业组织设备管理与维修的指导性文件，也是企业生产经营计划的重要组成部分，具有严肃性，必须加强调度，认真执行，努力完成。当确因特殊情况需要对计划进行变更修改时，应按原审批程序，经申请批准后，方可执行变更的计划。申请调整修改时可考虑以下情况：

（1）设备技术状态急剧下降、突发故障或出现设备事故而影响设备性能和生产正常进行时，可提前修理或增补项目。

（2）设备技术状态劣化比预期的慢，与计划投修期矛盾，则可酌情推迟修理时间或改变修理类别。

（3）已投修的设备，经解体鉴定后发现，实际需要修理的内容与计划差别过大，则可酌情改变修理类别和停修时间。

（4）设备已达到计划投修期，但修前准备不足，会导致修理不能按原计划如期开工和完工，此时可酌情推迟修理时间。

（5）生产任务改变或产品结构变更，此时为适合生产形势和产品的工艺要求，可提前或延后修理时间，或增减修理台项。

在计划执行过程中，要做好检查、鉴定、验收和考核工作。除按季、月检查计划执行情况外，年中还应进行半年计划执行情况小结，分析总结并调整下半年计划。抓好设备修理质量的鉴定、验收工作，对不合格者要安排计划，及时加以返修。

主管部门对设备修理计划执行情况进行考核、评比和奖惩。各项计划指标要逐级落实，考核计划检修完成率、设备完好率、事故率、返修率、工时利用率以及设备停修限额和修理成本等。

第四节　修理计划的具体实施细节

设备维修计划的实施包括：做好修前准备工作、组织维修施工和竣工验收。

一、修前的准备工作

修前准备包括修前技术准备和修前生产准备。做好修前准备工作，是完成修理计划、保证修理质量、提高维修效率和降低修理成本的技术保证和物质保证。

（一）修前技术准备

修前技术准备工作由主修技术人员负责。它是为修前生产准备服务的，包括对需要修理设备的技术状态的修前预检、编制修理技术文件和专用工检研具的设计等，有时还包括改善维修和技术改造的设计。如果修理中采用新工艺，本企业又无实践经验，则必要时还应在修前进行试验，这也应列为修前技术准备工作的内容。

1. 设备的修前预检

预检工作是做好修前准备工作的基础和制订修理措施计划的依据。预检的目的是全面深入掌握待修设备实际技术状况（包括设备的精度、性能、零件缺损、安全防护装置的可靠性、附件状况等）和了解生产对该设备的工艺要求，以便为修理准备更换件、专用工检研具和编制专用修理工艺等收集原始资料。通过预检，还应对设备的常发故障部位是否应进行改善维修加以分析论证和制订方案。

预检的时间应根据设备的复杂程度确定。通常中、小型设备在修前2～4个月进行预检；大型复杂设备的修前准备周期较长，其预检时间为修前4～6个月。

预检的准备工作包括：阅读设备使用说明书，熟悉设备的构造和性能，查阅设备档案（如设备安装验收记录、事故报告、历次计划修理的竣工报告、近期定期检查记录及设备普查后填报的设备技术状况等），以便了解设备的历史和现状；查阅设备的图册，为测绘、校对更换件或修复件的图样作准备；分析、确定预检时需解体检查的部件和预检内容，并安排预检计划。

预检工作由主修技术人员主持，操作人员、维修人员、车间机械动力师参加。

预检的内容包括：

（1）由设备操作工人介绍设备的技术状况（如精度是否满足产品工艺要求，性能出力是否下降，气、液压系统及润滑系统是否正常和有无泄漏，附件是否齐全，安全防护装置是否灵敏可靠等）和设备的使用情况。

（2）由维修人员介绍设备的事故情况，易发故障部位及现存的主要缺陷等。

（3）检查各导轨面的磨损情况（测出导轨面的磨损量）和外露件、部件的磨损情况。

（4）检查设备的各种运动是否达到规定的速度，特别应注意高速时的运动平稳性、振动和噪声以及低速时有无爬行现象；同时检查操纵系统的灵敏性及可靠性。

（5）对金属切削机床，一般按说明书的出厂精度标准逐项检查，记录实测精度值，同时还应了解产品工艺对机床精度的要求，以便确定修理工艺和修后达到的精度标准。

（6）检查安全防护装置，包括各指示仪表、安全连锁装置、限位装置等是否灵敏可靠，各防护板、罩有无损坏。

（7）对设备进行部分解体检查，以便了解内部零件的磨损情况。

（8）对预检中发现的故障和故障隐患（工作量不大的）及时进行排除，重新组装，交付生产继续使用，并尽力做到该设备在拆机修理前能正常运行。

预检应达到的要求是，全面掌握设备存在的问题，认真做好记录，明确产品工艺对设备的精度要求；确定更换件和修复件，一次提出的齐全率要达到75%～80%，同时达到三不漏提（大型复杂的铸锻件、外购件、关键件）；测绘或校对的修换件图样应准确可靠，能保证制造和修配的要求。

对于经常修理的、不太复杂的通用设备，或不通过预检可以掌握实际状况，能顺利进行修前准备的设备，可不进行修前预检。2. 技术资料的准备

预检结束后，由主修技术人员根据设备存在的问题和产品工艺对设备的要求，在设备停修前准备好修理用的技术文件资料和图样，复杂设备还应编制以下维修技术文件：

（1）维修技术任务书：包括主要维修内容、修换件明细表、材料明细表、维修质量标准等。

（2）维修工艺规程：包括专业用工检具明细表及图纸。

其中维修技术任务书，由设备科（处）主修技术人员负责编制。维修工艺规程则由机修车间负责维修施工的技术人员编制，并由设备科（处）主修技术人员审阅后会签。

对于项修，可按实际需要把各种修理技术文件的内容适当加以综合和简化。

编制修理技术文件时，应尽可能地首先完成更换件明细表和图样以及专用工、检、研具的图样，按规定的工作流程传递，以利及早办理订货和安排制造。

（二）修前生产准备

修前生产准备包括：材料及备件准备，专用工、检、研具的准备以及修理作业计划的编制。

1. 备件及材料的准备

备件管理人员接到修换件明细表后，对需更换的零件核定库存量，确定需订货的备件品种、数量，列出备件订货明细表，并及时办理订货。原则上，凡能从机电配件商店，专业备件制造厂或主机制造厂购到的备件应外购，根据备件交货周期及设备维修开工期签订订货合同，力求备件准时、足额供应。

对必须按图纸制造的专用备件（如改装件），原则上由机修车间安排制造。如本企业装备技术条件达不到要求，应寻求有技术装备条件的外企业，经协商签订订货合同。

对重要零件的修复（如大型壁杆镀铬），如本企业不具备技术装备条件，应与有技术装备条件的外企业联系，商定修复工艺，并签订协议，明确设备解体后由该企业负责修复。材料管理人员接到材料明细表后，经核对库存，明确需订货的材料品种和数量，办理订货或与其他企业调剂。如需采取材料代用，应征得主修技术人员签字同意。

2. 专用工、检、研工具的准备

专用工、检、研具的生产须列入生产计划，根据修理日期分别组织生产，验收合格入库编号后进行管理。通常工、检、研具应以外购为主。

3. 设备停修前的准备工作

以上生产准备工作基本就绪后，要具体落实停修日期。修前对设备主要精度项目进行必要的检查和记录，以确定主要基础件，如导轨、立柱、主轴等的修理方案。

切断电源及其他动力管线，放出切削液和润滑油，清理作业现场，办理交接手续。

（三）修理作业计划的编制

修理作业计划是组织修理施工作业的具体行动计划，其目标是以最经济的人力和时间，在保证质量的前提下力求缩短停歇天数，达到按期或提前完成修理任务。通过编制维修作业计划，可以测算出每一作业所需工人数，作业时间和消耗的备件、材料及能源等。因此，也就可以测算出设备维修所需各工种工时数、停歇天数及费用数(维修工作定额)。修理作业计划由修理单位的计划员负责编制，并组织主修机械和电气的技术人员、修理工（组）长讨论审定。对一般中、小型设备的大修，可采用“横道图”或作业计划和加上必要的文字说明；对于结构复杂的高精度、大型、关键设备的大修，应采用网络计划。

1. 编制维修作业计划的主要依据

（1）各种修理技术文件规定的修理内容、工艺、技术要求及质量标准。

（2）修理计划规定的时间定额及停歇天数。

（3）修理单位有关工种的能力和技术水平以及装备条件。

（4）可能提供的作业场地、起重运输、能源等条件。

（5）厂内外可提供的技术协作条件。

2. 作业计划的主要内容

（1）作业程序；

（2）分阶段、分部作业所需的工人数、工时及作业天数；

（3）对分部作业之间相互衔接的要求；

（4）需要委托外单位劳务协作的事项及时间要求；

（5）对用户配合协作的要求等。

二、设备修理计划的实施

设备修理计划的实施，应注意抓好以下几个环节：认真做好修前的准备工作，搞好维修工作量与维修资源的平衡；认真组织好维修的施工作业；注意掌握计划与实际的差异，搞好计划的修改与调整。

（一）交付修理

设备使用单位应按修理计划规定的日期，在修前认真做好生产任务的安排。对由企业机修车间或企业外修单位承修的设备，应按期移交给修理单位，移交时，应认真交接并填写“设备交修单”。

设备竣工验收后，双方按“设备交修单”清点无误，该交修单即作废。如设备在安装现场进行修理，使用单位应在移交设备前，彻底擦洗设备和把设备所在的场地扫干净，移走产品成品或半成品，并为修理作业提供必要的场地。

由设备使用单位维修工段承修的小修或项修，可不填写“设备交修单”，但也应同样做好修前的生产安排，按期将设备交付修理。

（二）修理施工

在修理过程中，一般应抓好以下几个环节。

1. 解体检查

设备解体后，由主修技术人员与修理工人密切配合，及时检查零部件的磨损、失效情况，特别要注意有无在修前未发现或未预测到的问题，并尽快发出以下技术文件和图样：

（1）按检查结果确定的换修件明细表。

（2）修改、补充的材料明细表。

（3）修理技术任务书的局部修改与补充。

（4）按修理装配的先后顺序要求，尽快发出临时制造的配件图样。

计划调度人员会同修理工（组）长，根据解体检查的实际结果及修改补充的修理技术文件，及时修改和调整修理作业计划，并将作业计划张贴在作业施工的现场，以便于参加修理的人员随时了解施工进度要求。

2. 生产调度

修理工（组）长必须每日了解各部件修理作业的实际进度，并在作业计划上作出实际完成进度的标志（如在计划进度线下面标上红线）。对发现的问题，凡本工段能解决的应及时采取措施解决，例如，发现某项作业进度延迟，可根据网络计划上的时差，调动修理工人增加力量，把进度赶上去；对本工段不能解决的问题，应及时向计划调度人员汇报。

计划调度人员应每日检查作业计划的完成情况，特别要注意关键路线上的作业进度，并到现场实际观察检查，听取修理工人的意见和要求。对工（组）长提出的问题，要主动与技术人员联系商讨，从技术上和组织管理上采取措施，及时解决。计划调度人员还应重视各工种之间作业的衔接，利用班前、班后各工种负责人参加的简短“碰头会”了解情况，这是解决各工种作业衔接问题的好办法。总之，要做到不发生待工、待料和延误进度的现象。

3. 工序质量检查

修理工人在每道工序完毕经自检合格后，须经质量检查员检验，确认合格后方可转入下道工序。对重要工序（如导轨磨削），质量检查员应在零部件上作出“检验合格”的标志，避免以后发现漏检的质量问题时引起更多的麻烦。

4. 临时配件制造进度

修复件和临时配件的修造进度，往往是影响修理工作不能按计划进度完成的主要因素。应按修理装配先后顺序的要求，对关键件逐件安排加工工序作业计划，找出薄弱环节，采取措施，保证满足修理进度的要求。

（三）竣工验收

1. 竣工验收程序

设备大修理完毕经修理单位试运转并自检合格后，按相应程序办理竣工验收。

验收由企业设备管理部门的代表主持，要认真检查修理质量和查阅各项修理记录是否齐全、完整。经设备管理部门、质量检验部门和使用单位的代表一致确认，通过修理已完成修理技术任务书规定的修理内容并达到规定的质量标准及技术条件后，各方代表在设备修理竣工报告单上签字验收。如验收中交接双方意见不一，应报请企业总机械师（或设备管理部门负责人）裁决。

设备大修竣工验收后，修理单位将修理技术任务书、修换件明细表、材料明细表、试车及精度检验记录等作为附件随同设备修理竣工报告单报送修理计划部门，作为考核计划完成的依据；关于修理费用，如竣工验收时修理单位尚不能提出统计数字，可以在提出修理费用决算书后，同计划考核部门按决算书上的数据补充填入设备修理竣工报告单内，然后由修理计划部门定期办理归档手续。

设备小修完毕后，以使用单位机械动力师为主，与设备操作工人和修理工人共同检查，确认已完成规定的修理内容和达到小修的技术要求后，在设备修理竣工报告单上签字验收。设备的小修竣工报告单应附有换件明细表及材料明细表，其人工费可以不计，备件、材料费及外协劳务费均按实际数计入竣工报告单。此单由车间机械动力师报送修理计划部门，作为考核小修计划完成的依据，并由修理计划部门定期办理归档手续。

2. 用户服务

设备修理竣工验收后，修理单位应定期访问用户，认真听取用户对修理质量的意见。对修后运转中发现的缺点，应及时利用“维修窗口”完满地解决。

设备大修后应有保修期，具体期限由企业自定，但一般应不少于三个月。在保修期内，如由于维修质量不良而发生故障，修理单位应负责及时抢修，其费用由修理单位承担，不得再计入大修理费用决算内；如发生故障后一时尚难分清原因和责任，修理单位也应主动承担排除故障的工作。为查明故障原因，应解体检查并由用户和修理单位共同分析，如属于用户的责任，其修理费用由用户负担。

三、设备修理计划的考核

企业生产设备的预防维修，主要是通过完成各种修理计划来实现的。在某种意义上，修理计划完成率的高低反映了企业设备预防维修工作的优劣。因此，对企业及其各生产车间和机修车间，必须考核年、季、月修理计划的完成率，并列为考核车间的主要技术经济指标之一。

考核修理计划的依据是设备竣工报告单，由企业设备管理部门的计划科（组）负责考核。考核修理计划时，对不同修理类别的项目应分别统计考核，用各种修理类别台项数之和来计算完成率是不妥的。

四、设备修理复杂系数

（一）设备修理复杂系数的概念和作用

（1）设备修理复杂系数：它是苏联设备的计划预修制度中提出的一个重要概念，是用来表示设备修理复杂程度的一个假定单位，并将它作为确定设备修理与维护各项技术经济指标的计算单位。一台设备的修理复杂系数，根据其设备类型、规格、结构特征、工艺特性和维修性等因素来确定。一般说来，设备越复杂，其规格尺寸越大，精度和自动化程度越高，则其修理复杂系数就越大。

（2）设备修理复杂系数的主要用途是：用于衡量有关企业或车间设备修理工作量的大小；用来制定设备修理的各种工作定额；用于概算企业设备维修部门所需人员和设备；可作为企业划分设备等级的凭据。

（二）设备修理复杂系数的分类

根据机械工业部生产管理局1985年8月编印的《机械设备修理复杂系数》及《动力设备修理复杂系数》的规定，设备的修理复杂系数可分为以下三类：

（1）机械设备修理复杂系数。它包括机械部分的修理复杂系数（用$F_{机}$或JF表示）和电气部分修理复杂系数（用$F_{电}$或DF表示）。

（2）电气、仪表设备修理复杂系数，分别用$F_{电}$（DF）和$F_{仪}$表示。

（3）热力设备修理复杂系数，用$F_{热}$表示。

（三）确定设备修理复杂系数的方法

我国有关部门规定：机械设备（不含设备中的电气部分）的修理复杂系数是以C620-1/750卧式车床为标准，其修理复杂系数定为10，其他机械设备（包括动力设备中的机械结构部分）的修理复杂系数都与之相比较而确定。电气设备的修理复杂系数以额定功率为0.6W的防护异步笼形电动机为标准，其修理复杂系数规定为1，其他电气设备（包括各种设备中的电气部分）的修理复杂系数，都与之相比较而确定。

确定设备修理复杂系数的具体方法有公式计算法和分析比较法。

1. 公式计算法

可通过查阅《机械动力设备修理复杂系数》进行计算，该手册中既有各类机械、动力设备的修理复杂系数，又有计算公式。

2. 分析比较法（有三种具体比较方法）

分析比较法有以下三种具体的比较方法。

（1）工时分析比较法。它是由设备大修理的实际耗用工时与单位复杂系数时间定额相比较而得出的方法。

（2）部件分析比较法。根据设备结构特点和部件的复杂程度，与已知复杂系数的类似结构和部件逐一比较，求得各部件的复杂系数，其总和就是这台设备的复杂系数。

（3）整台设备比较法。以C620-1卧式车床的修理复杂系数为标准，其他设备与该标准相比较来确定其修理复杂系数。这种方法的误差很大，很难做到准确。

五、修理停歇时间定额

设备停歇检修时间限额称为修理停歇时间定额，是指设备从停止工作交付修理开始，到修理完毕、验收合格为止所需的全部时间，但不包括革新、改造所增加的停歇时间。设备修理停歇时间可按下式计算：

六、设备修理费用定额

设备修理费用主要包括备件费、材料费、动力费、修理人员工资、车间经费和企业管理费等。设备修理费用定额是指企业为完成各种修理工作所需费用的标准，一般以一个修理复杂系数为单位来判定设备各种修理工作的费用定额。

对于尚未采用修理复杂系数的设备，有关定额标准可根据设备修理的历史统计资料、设备的有关文件并结合实际情况制定。

以每个修理复杂系数来规定各种定额时，应考虑下列因素并加以适当地修正：

（1）当设备进行提高精度和技术性能的修理时，应另加工时。

（2）原设备设计质量低劣，或使用年限过长时，可适当增加工时。

（3）修理工艺水平提高及应用先进技术和装备时，可适当压缩工时。

（4）考虑设备使用维护条件、加工条件、机修工人技术水平和作业条件、维修管理水平等因素的影响。

七、制定设备修理工作定额的方法

制定设备修理工作定额的方法有统计分析法和技术测算法两种。

（一）统计分析法

根据本企业分类设备各种修理类别的修理记录进行统计分析，剔除非正常因素产生的消耗，取先进平均值，制定出分类设备各种修理类别的平均修理工作定额。

此法也可以用于制定企业拥有数量较多同型号规格的设备（特别是专用设备）的单台（项）修理工作定额。由于设备的项修的针对性强，故不宜采用此法判定修理工作定额。

（二）技术测算法

在预定的修理内容、修理工艺、质量标准和企业现行修理组织的基础上，对设备修理的全过程进行技术经济分析和测算，制定设备的修理工时、停歇天数和费用定额，以作为控制修理施工的经济指标。用技术测算法测定的设备修理工作定额，是根据设备修前的实际技术状况，参照以往同类设备的修理经验，经过具体分析而制定出来的，因此更加切合实际，也是今后企业制定设备修理工作定额的发展方向。

八、办理设备委托修理的工作程序

（一）分析确定委托修理项目

根据年度设备修理计划或使用单位的申请，企业的设备管理部门经过仔细分析，确定本企业对某（些）设备在技术上或维修能力上不具备自己修理的条件，经主管领导同意后，方可对外联系办理委托修理工作。负责办理委托修理的人员，应熟悉设备修理业务，并了解经济合同法。

（二）选择承修企业

通过调查，选择修理质量高、工期短和服务信誉好的承修企业。应优先考虑本地区的专业修理厂或设备制造厂。对重大、复杂的工程项目，可委托招标公司招标确定承修单位。

（三）与承修企业协商签订合同

签订承修合同一般应经过以下步骤：

（1）委托企业（甲方）向承修企业（乙方）提出“设备修理委托书”，其内容包括设备的编号、名称、型号、规格、制造厂及出厂年份，设备实际技术状况，主要修理内容，修后应达到的质量标准，要求的停歇天数及修理的时间范围。

（2）乙方到甲方现场实地调查了解设备状况、作业环境及条件，如乙方提出要局部解体检查，甲方应给予协助。

（3）双方就设备是否要拆运到承修企业修理、主要部位的修理工艺、质量标准、停歇天数、验收办法及相互配合事项等进行协商。

（4）乙方在确认可以保证修理质量及停歇天数的前提下，提出修理费用预算（报价）。

（5）通过协商，双方对技术、价格、进度以及合同中必须明确规定的事项取得一致意见后，签订合同。

九、设备委托修理合同的内容

（1）委托单位（甲方）及承修单位（乙方）的名称、地址、法人及业务联系人的姓名。

（2）所修设备的资产编号、名称、型号、规格、数量。

（3）修理工作地点。

（4）主要修理内容。

（5）甲方应提供的条件及配合事项。

（6）停歇天数及甲方可供修理的时间范围。

（7）修理费用总额（即合同成交额）及付款的方式。

（8）验收标准及方法，以及乙方在修理验收后应提供的技术记录及图样资料。

（9）合同任何一方的违约责任。

（10）双方发生争议事项的解决办法。

（11）双方认为应写入合同的其他事项，如保修期、乙方人员在施工现场发生人身事故的救护等。

以上有些内容如在乙方标准格式的合同用纸中难以说明时，可另写成附件，并在合同正本中说明附件是合同的组成部分。

十、执行合同中应注意事项

在执行合同中，除双方要认真履行合同规定的责任外，甲方还应着重注意以下事项：

（1）设备解体后，如发现双方在签订合同前均未发现的严重缺损情况，甲方应主动配合乙方研究补救措施，以保证按期完成设备修理合同。

（2）指派人员监督、检查修理质量及进度，如发现问题应及时向乙方反映，并要求乙方采取措施纠正、补救。

（3）在企业内部，做好工艺部门、使用单位和设备管理部门之间的协调工作，以保证试车验收工作有计划地认真进行。

（4）修理验收后，应及时向承修单位反馈质量信息，特别是发生较大故障时，及时与承修单位联系予以排除。[①]

① 余锋.机电设备管理［M］.北京：北京理工大学出版社，2019.

参考文献

[1] 谢利英.高职机电类专业实践教学体系构建研究 [M].长春：吉林人民出版社，2017.

[2] 赵光霞.机电设备管理与维护技术基础 [M].北京：北京理工大学出版社，2017.

[3] 封士彩，王长全.机电一体化导论 [M].西安：西安电子科技大学出版社，2017.

[4] 候玉叶，王赟，晋成龙.机电一体化与智能应用研究 [M].长春：吉林科学技术出版社，2022.

[5] 余锋.机电设备管理 [M].北京：北京理工大学出版社，2019.

[6] 罗力渊，郝建豹，宋春华.机电一体化专业教学标准与课程标准 [M].成都：电子科技大学出版社，2018.

[7] 刘小明.职业院校机电类专业一体化教学系列教材PLC与GOT技能 工作岛学习工作页 [M].北京：中国轻工业出版社，2013.

[8] 温晓妮，刘学燕，董垒.机电类专业教学理论与实践研究 [M].北京：中国商业出版社，2022.

[9] 李付亮."十二五"职业教育国家规划教材 高等职业教育机电类专业教材改革规划教材 电机及应用 第2版 [M].北京：机械工业出版社，2018.

[10] 刘炜.机电设备维护 [M].重庆：重庆大学出版社，2021.

[11] 王旭平，张金玉，袁晓静，曾繁琦.机电设备检测与诊断技术 [M].西安：西北工业大学出版社，2021.

[12] 常淑英，翟富林.机电设备调试与维护 [M].北京：北京希望电子出版社，2019.

[13] 袁晓东.机电设备安装与维护 [M].北京：北京理工大学出版社，2019.

[14] 汪永华，贾芸.机电设备故障诊断与维修 [M].北京：机械工业出版社，

2019.

[15] 黄伟. 机电设备维护与管理 [M]. 北京：机械工业出版社，2018.

[16] 王振成，张雪松. 机电设备管理故障诊断与维修技术 [M]. 重庆：重庆大学出版社，2020.

[17] 胡庆峰，王昱. 机电设备综合应用 [M]. 济南：山东科学技术出版社，2019.

[18] 姚积清. 理实一体化教学法在中职机电专业教学中的应用 [J]. 学周刊，2023 (08)：24-26.

[19] 吴凌宇. 机电专业信息化教学的路径探索与实践 [J]. 电子元器件与信息技术，2022，6 (12)：243-246.

[20] 李瑞华，聂万芬. 翻转课堂教学模式在机电教学中的应用 [J]. 农机使用与维修，2022 (09)：161-163.

[21] 闫利英. 行为引导教学法在机电教学中的应用 [J]. 时代汽车，2021 (01)：38-39.

[21] 李海涛，李小雷，孟凡旭. 机电设备维护维修与管理的创新与发展 [J]. 现代工业经济和信息化，2023，13 (01)：221-222.

[22] 刘云飞，刘月飞. 机电设备维修中故障诊断技术运用分析 [J]. 石化技术，2022，29 (11)：245-247.

[23] 李东海. 机电设备安装项目中的技术管理策略 [J]. 集成电路应用，2022，39 (10)：212-213.

[24] 王伟军. 机电设备维修与故障诊断技术 [J]. 科学咨询（科技・管理），2022 (09)：112-114.

[25] 佀同磊. 微课在职业院校机电教学中的应用探究 [J]. 现代经济信息，2019 (22)：434.

[26] 罗会，张素芬，王军，吴国华，左文静，张曜玮. 机电类产教融合教学路径探索 [J]. 电子元器件与信息技术，2020，4 (03)：156-157+160.

[27] 武迪. 高职机电教学中翻转课堂教学模式的应用分析 [J]. 科学咨询（教育科研），2020 (06)：43.

[28] 郭文娟. 基于现代学徒制机电专业教学改革校本化的研究 [J]. 中国新通信，2019，21 (20)：185-186.

[29] 王莎莎. 微课在机电教学中的现状调查 [J]. 才智，2019 (31)：90.

[30] 朱海龙. 浅谈机电教学中行为引导教学法的应用 [J]. 内燃机与配件，2018 (11)：257-258.

[31] 胡慧华. 信息化背景下中职机电教学策略探究 [J]. 才智，2017 (04)：4.

[32] 郭长永. 翻转课堂在机电教学中的应用 [J]. 职业，2017 (05)：71.

[33] 韩勇.浅析新形势下信息化技术在机电专业教学中的应用和实践 [J].电子世界，2017（04）：81-82.

[34] 季瑶佳，郭媛媛.分层、分组、合作教学模式在高职机电教学中的实践与探索 [J].科技风，2017（22）：51.

[35] 王瑞.机电教育技术应用探索与研究 [J].农家参谋，2018（04）：209.

[36] 赵建峰.以混合式学习模式改善机电教学效果的研究 [J].黑龙江教育（理论与实践），2018（04）：56-57.

[37] 王静.高职机电教学问题与改革措施 [J].南方农机，2018，49（08）：68.